从零开始

3ds Max 2014

·中文版·

基础培训教程

老虎工作室

谭雪松 周曼 徐鲜 编著

人民邮电出版社

北 京

图书在版编目（ＣＩＰ）数据

3ds Max 2014中文版基础培训教程 / 谭雪松，周曼，
徐鲜编著. -- 北京：人民邮电出版社，2015.3（2018.8重印）
（从零开始）
ISBN 978-7-115-38479-9

Ⅰ．①3… Ⅱ．①谭… ②周… ③徐… Ⅲ．①三维动
画软件－技术培训－教材 Ⅳ．①TP391.41

中国版本图书馆CIP数据核字(2015)第032043号

内 容 提 要

  3ds Max 作为当今著名的三维建模和动画制作软件，被广泛应用于游戏开发、电影电视特效以及广告设计等领域。该软件功能强大、扩展性好、操作简单，并能与其他相关软件流畅地配合使用。

  本书系统地介绍了 3ds Max 2014 中文版的功能和用法，以实例为引导，循序渐进地讲解了使用 3ds Max 2014 中文版创建三维模型、创建材质和贴图、使用灯光和摄影机、制作基本动画以及使用粒子系统与空间扭曲制作动画的基本方法。

  本书按照职业培训的教学特点来组织内容，图文并茂，活泼生动，并且配备了多媒体教学光盘，适合作为 3ds Max 2014 动画制作的培训教材，也可以作为个人用户、高等院校相关专业学生的自学参考书。

◆ 编　著　老虎工作室　谭雪松　周　曼　徐　鲜

责任编辑　李永涛

责任印制　杨林杰

◆ 人民邮电出版社出版发行　　北京市丰台区成寿寺路 11 号

邮编　100164　　电子邮件　315@ptpress.com.cn

网址　http://www.ptpress.com.cn

北京九州迅驰传媒文化有限公司印刷

◆ 开本：787×1092　1/16

印张：17

字数：423 千字　　　　　　　　　2015 年 3 月第 1 版

印数：6 201-6 500 册　　　　　　2018 年 8 月北京第 7 次印刷

定价：35.00 元（附光盘）

读者服务热线：(010)81055410　印装质量热线：(010)81055316
反盗版热线：(010)81055315
广告经营许可证：京东工商广登字 20170147 号

3ds Max 作为著名的三维建模、动画制作和渲染软件，被广泛应用于游戏开发、角色动画、电影电视特效以及设计行业等领域。该软件功能强大、扩展性好、操作简单，并能与其他软件流畅地配合使用。3ds Max 2014 提供给设计者全新的创作思维与设计工具，并提升了与后期制作软件的结合度，使设计者可以更直观地进行创作，无限发挥创意，设计出更优秀的作品。

内容和特点

本书面向初级用户，深入浅出地介绍了 3ds Max 2014 的主要功能和用法。按照初学者一般性的认知规律，从基础入手，循序渐进地讲解了使用 3ds Max 2014 进行三维建模、材质设计、灯光设计、摄影机设置以及各类动画制作的基本方法和技巧，帮助读者建立对 3ds Max 2014 的初步认识，基本掌握使用该软件进行设计的步骤和操作要领。

为了使读者能够迅速掌握 3ds Max 2014 的用法，全书遵循"案例驱动"的编写原则，对于每个知识点都结合典型案例来讲解，用详细的操作步骤引导读者跟随练习，进而熟悉软件中各种设计工具的用法以及常用参数的设置方法。通过对全书系统地学习，读者能够掌握三维设计的基本技能，进而提高综合应用的能力。全书选例生动典型、层次清晰、图文并茂，将设计中的基本操作步骤以图片形式示出，表意简洁，便于阅读。

本书分为 12 章，各章内容简要介绍如下。

- 第 1 章：介绍 3ds Max 2014 的基本知识。
- 第 2 章：介绍基本体建模的有关知识。
- 第 3 章：介绍修改器建模的有关知识。
- 第 4 章：介绍二维建模的有关知识。
- 第 5 章：介绍复合建模的有关知识。
- 第 6 章：介绍多边形建模的有关知识。
- 第 7 章：介绍材质与贴图及其应用技巧。
- 第 8 章：介绍灯光及其应用技巧。
- 第 9 章：介绍摄影机、环境与渲染的相关知识及其应用。
- 第 10 章：介绍动画制作的一般原理和基础知识。
- 第 11 章：介绍粒子系统与空间扭曲在动画制作中的应用。
- 第 12 章：介绍刚体和软体动画的制作要领。

读者对象

本书主要面向 3ds Max 2014 的初学者以及在三维动画制作方面有一定了解并渴望入门的读者。在本书的帮助下，读者可以迅速掌握使用 3ds Max 进行动画制作的一般流程。

本书是一本内容全面、操作性强、实例典型的入门教材，特别适合作为各类 3ds Max 动画制作课程培训班的基础教材，也可以作为广大个人用户、高等院校相关专业学生的自学参考书。

附盘内容

本书所附光盘内容包括以下几部分。

一、素材文件

本书所有案例用到的".max"格式源文件、"maps"贴图文件及一些".mat"格式的材质库文件都收录在附盘的"\素材\第×章"文件夹下，读者可以调用和参考这些文件。

二、结果文件

本书所有案例的结果文件都收录在附盘的"\结果文件\第×章"文件夹下了，读者可以自己对比制作结果。

三、动画文件

本书典型习题的绘制过程都录制成了".avi"动画文件，并收录在附盘的"\动画文件\第×章"文件夹下。

注意：播放文件前要安装光盘根目录下的"tscc.exe"插件。

四、PPT 文件

本书提供了 PPT 文件，以供教师上课使用。

五、习题答案

光盘中提供了书中习题的答案。

感谢您选择了本书，也欢迎您把对本书的意见和建议告诉我们。

老虎工作室网站 http://www.ttketang.com，电子邮件 ttketang@163.com。

老虎工作室

2014 年 11 月

目　录

第1章 3ds Max 2014 设计概述

【学习目标】

- 熟悉 3ds Max 2014 的设计环境。
- 熟悉 3ds Max 2014 中常用的基本操作。
- 明确使用 3ds Max 2014 进行设计的基本流程。

3ds Max 2014 是一款基于 Windows 操作平台的优秀三维制作软件，一直受到建筑设计、三维建模以及动画制作爱好者的青睐，广泛应用于游戏开发、角色动画、影视特效以及工业设计等领域。本章将初步介绍 3ds Max 2014 的基础知识。

1.1 了解 3ds Max 2014

Autodesk 公司出品的 3ds Max 是世界顶级的三维软件之一，3ds Max 功能强大，自其诞生以来就一直受到 CG（计算机图形）设计师们的喜爱。

1.1.1 基础知识——初步认识三维动画

三维动画（或称 3D 动画）由于其精确性、真实性和无限的可操作性的特点，被广泛应用于医学、教育、军事、娱乐等诸多领域，可以用于广告、电影、电视剧的特效制作（如爆炸、烟雾、下雨、光效等）、特技（撞车、变形、虚幻场景或角色等）及广告产品展示等。

一、 3ds Max 应用简介

3ds Max 在模型塑造、场景渲染、动画制作及特效等方面都能制作出高品质的作品，在效果图制作、插画、影视动画、游戏和产品造型等领域中占据了领导地位。

(1) 工业造型与仿真。

3ds Max 能精确地表达模型的结构和形态，还能为模型赋予不同的材质，再加上强大的灯光和渲染功能，使对象的质感更为逼真。通过动画演示，还能把对象的运动过程加以仿真，细腻地展示其动态渐进变化过程。图 1-1～图 1-3 所示为相关的实例展示。

图1-1 汽车造型设计

图1-2 工业机械设计

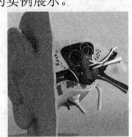

图1-3 医学模型仿真

（2）建筑效果展示。

3ds Max 与 AutoCAD 同为 Autodesk 旗下的产品，两款软件具有良好的兼容性。将两者配合使用，可以制作出视觉效果完美并且精确的建筑模型，还能将建筑室内外设计效果表现得淋漓尽致。图 1-4～图 1-6 所示为相关的实例展示。

图1-4　"鸟巢"设计

图1-5　建筑效果图

图1-6　室内装饰图

（3）影视广告特效。

在 3ds Max 中，对象的属性、变化、形体编辑以及材质等大多数参数都可以记录为动画，可以通过动画控制器来控制对象做精确运动，这就使得 3ds Max 成为片头动画、广告以及影视特效的首选软件。图 1-7～图 1-9 所示为相关的实例展示。

图1-7　影视广告示例 1

图1-8　影视广告示例 2

图1-9　影视广告示例 3

（4）游戏开发。

利用 3ds Max 提供的"骨骼"系统，结合其中的"刚体"和"柔体"制作功能，利用计算机精准的 MassFX 系统可以逼真地模拟对象在外力作用下的变形和运动过程，从而创建出各式各样的虚拟现实效果和玄妙的游戏场景。图 1-10～图 1-12 所示为相关的实例展示。

图1-10　游戏场景示例 1

图1-11　游戏场景示例 2

图1-12　游戏场景示例 3

二、　3ds Max 2014 设计环境简介

正确安装 3ds Max 2014 后，双击 Windows 桌面上的快捷图标 就可启动该软件。图 1-13 所示为设计时通常使用的工作界面。

3ds Max 2014 的默认设计界面底色为深黑色，本书中已将底色改为浅灰色。设置方法如下：选择菜单命令【自定义】/【自定义 UI 与默认设置切换器】，在如图 1-14 所示对话框的【用户界面方案】分组框中选取【Modular ToolbarUI】选项，然后单击　设置　按钮即可。

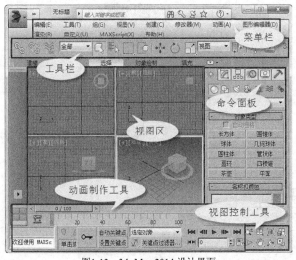

图1-13　3ds Max 2014 设计界面

图1-14　设置界面样式

3ds Max 2014 的界面组成要素及其功能如表 1-1 所示。

表 1-1　　　　　　　　　　　3ds Max 2014 的界面组成要素及其功能

界面组成要素	功能
菜单栏	3ds Max 2014 提供了【编辑】、【工具】、【组】、【视图】、【创建】、【修改器】、【动画】、【图形编辑器】、【渲染】、【自定义】、【MAXScript】和【帮助】12 个菜单。选择菜单中的各个菜单命令可以执行不同操作
工具栏	工具栏以图标的形式列出了设计中常用的工具，单击这些图标可以快速启动工具。由于显示空间有限，将鼠标指针置于工具栏上，当其形状变为手形后，按住鼠标左键并拖曳，可以拖动工具栏，以便使用更多的设计工具
命令面板	这是 3ds Max 的核心工具。在这里可以启动不同的设计命令，并根据需要切换操作类型；同时还可以在启动不同命令时设置相关的参数。命令面板包括 6 个独立的子面板，如图 1-15 所示
	【创建】面板　用于创建各种对象，包括三维几何体、二维图形、灯光、摄影机、辅助对象、空间扭曲对象以及系统工具等
	【修改】面板　用于修改选中对象的设计参数或对其使用修改器，从而改变对象的形状和属性
	【层次】面板　用于控制对象的坐标中心轴以及对象之间的关系等
	【运动】面板　制作动画时，为对象添加各种动画控制器以及控制对象运动轨迹
	【显示】面板　控制对象在视口中的显示状态，例如隐藏、冻结对象等
	【实用程序】面板　提供各种系统工具，还可以设置各种系统参数
视图区	视图区是 3ds Max 的主要工作区域，对象的创建和修改都在视图区中进行。默认情况下，视图区中将显示 4 个视口：顶视口、前视口、左视口和透视视口。稍后将介绍视口配置的具体方法
时间轴和动画制作工具	这些工具在制作三维动画中主要用于控制动画的时序以及播放，具体用法将在动画制作的相关章节中介绍
视图控制工具	该工具组一共包括 8 个视图控制工具，其用法如表 1-2 所示。在不同的视图模式（比如透视图、灯光视图和摄影机视图等）下，这些工具的种类也不相同

要点提示　界面左上角的图标相当于【文件】菜单，单击该图标可以启用常用的文件操作，例如"打开"、"保存文件"等。启动不同的工具后，命令面板上将列出该命令所对应的参数，将这些参数分组列出，并可以根据需要卷起或展开，因此被称作参数卷展栏，如图 1-16 所示。

图1-15 命令面板

图1-16 参数卷展栏

表 1-2   视图控制工具的用法

工具	功能
（缩放）	按住鼠标左键，前后移动鼠标可以缩小或放大选定视口内的对象
（缩放所有视图）	按住鼠标左键，前后移动鼠标可以同步缩放所有视口内的对象
（最大化显示）	单击该按钮将最大化显示选定视口中的图形，即将图形全部充满视口，如图 1-17 所示。单击 按钮右下角的黑色三角形符号可以弹出按钮工具组，其中另一个按钮 （最大化显示选定对象）用于在当前视口中最大化显示选定的对象
（所有视图最大化显示）	单击该按钮将最大化显示所有视口中的图形，如图 1-18 所示。该按钮工具组中的另一个按钮 （所有视图最大化显示选定对象）用于在所有视口中最大化显示选定的对象
（缩放区域）	在前视口、左视口和顶视口中使用矩形框选定对象后，将最大化显示其中的内容。该工具若用于透视视口或摄影机视图，则变为 （视野）工具，用于调整视野大小
（平移视图）	用于平移选定视口中的场景
（环绕）	该工具组中包括 3 个工具按钮，用于对对象进行旋转操作
（最大化视口切换）	单击该按钮可以最大化显示选中的视口；再次单击则恢复上次的视口显示状态，从而实现在单视口和多视口之间的切换，如图 1-19 和图 1-20 所示

图1-17 最大化显示视图

图1-18 最大化显示所有视图

图1-19 单视口

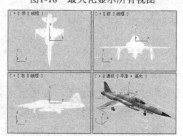

图1-20 四视口

三、 选择对象

在 3ds Max 2014 中，在操作前需要首先选中对象。选择对象的方法主要有 4 种：直接选择、区域选择、按照名称选择和使用过滤器选择。

(1) 直接选择。

直接选择是指以鼠标单击的方式选择物体。具体操作如下。

① 打开设计场景，如图 1-21 所示。

② 在工具栏中单击 按钮，将鼠标指针置于汽车顶部，指针将显示为白色十字形，并显示出对象名称"车盖" 车盖。

③ 单击鼠标左键，选中"车盖"对象，被选中的对象周围将显示白色的边界框，如图 1-22 所示。

图1-21　备选场景　　　　　　　　　　图1-22　选中的对象

(2) 区域选择。

区域选择是指使用鼠标拖曳出一个区域，从而选中区域内的所有物体。在 3ds Max 2014 中有 5 种区域选择类型：矩形、圆形、围栏、套索和绘制选择区域。具体操作如下。

① 按下 Alt+W 键，切换为四视口显示模式，如图 1-23 所示。

② 在工具栏中单击 按钮，在左视口中按住鼠标左键并拖曳，绘制一个矩形选择范围，将车的形状全部包含在范围内。

③ 释放鼠标左键即可选中全部汽车对象，包括其上的各个组成部分，在非透视视口中，选中的对象显示为白色线框，如图 1-24 所示。

 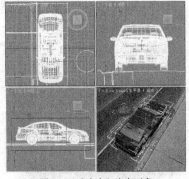

图1-23　切换为四视口模式　　　　　　图1-24　选中全部汽车对象

④ 在工具栏中的 按钮右下角的小三角符号上按住鼠标左键，移动鼠标指针选中 按钮，使用鼠标拖曳出圆形区域，选中包含在其中的对象，如图 1-25 所示。

⑤ 用与上一步类似的方法选中 按钮后，可以围绕选定的对象画出围栏，选中围栏中的所有对象，如图 1-26 所示。

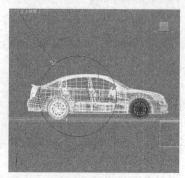

图1-25　圆形区域选择

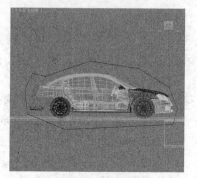

图1-26　围栏选择

要点提示　在 ▢ 按钮旁有一个 ▢ 按钮，该按钮未被按下时为交叉模式，使用矩形区域或圆形区域选择对象时，只要该对象有一部分位于划定的区域之中，则该对象将被选中，如图 1-27 所示；按下该按钮后为窗口模型，只有对象整体全部位于划定的区域中才会被选中，如图 1-28 所示。

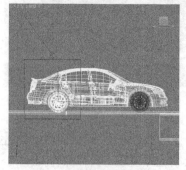

图1-27　交叉模式选择对象

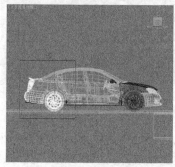

图1-28　窗口模式选择对象

(3) 按名称选择。

当场景中有很多物体时，使用鼠标来选择物体就变得比较困难，这时可以通过选择物体名称来进行选择，具体操作如下。

① 在工具栏中单击 按钮，弹出【从场景选择】对话框。

② 可以在该对话框中按照名称选中对象，选取多个对象时按住 Ctrl 键再选择对象名称，然后单击 确定 按钮，如图 1-29 所示。

③ 如果场景中对象较多时，可以使用查找功能。例如在【查找】文本框中输入"车"后可以选中全部名称以"车"开头的对象，如图 1-30 所示。

图1-29　按名称选择 1

图1-30　按名称选择 2

(4) 使用选择过滤器。

在实际设计中，场景中的对象不但数量多，而且种类丰富。使用场景过滤器可以确保操作时只选中过滤器设定种类的对象，从而加快选择过程。具体操作如下。

① 在工具栏中的选择过滤器下拉列表中选择【G-几何体】选项，然后在左视口框选整个场景，则可以选中场景中所有几何体，如图 1-31 所示。

② 在工具栏中的选择过滤器下拉列表中选择【C-摄影机】选项，然后在左视口框选整个场景，则可以选中场景中的所有摄影机对象，其他对象则无法被选中，如图 1-32 所示。

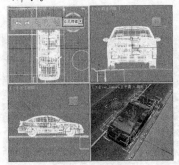

图1-31　选中全部几何体

图1-32　选中全部摄影机

四、编辑对象

当物体被选中后，就可以对它进行编辑、加工等操作。3ds Max 2014 的编辑功能非常强大，它可以改变物体的大小、位置、颜色、形状并进行复制对象等操作。

(1) 移动对象。

① 获取场景，如图 1-33 所示。

② 在工具栏中单击 按钮，然后单击海豹模型，其上出现一个带有 3 种颜色方向箭头的坐标架，如图 1-34 所示。

图1-33　打开场景

图1-34　显示坐标架

③ 将鼠标指针放到任一坐标轴上，待指针形状变为 时，即可沿着该方向移动对象，如图 1-35 所示。

④ 将鼠标指针放到两坐标轴之间，待出现黄色平面并且指针形状变为 时，即可沿着该平面移动对象，如图 1-36 所示。

图1-35　沿 x 轴移动对象

图1-36　沿 xz 平面移动对象

(2)　复制对象。

①　在工具栏中单击 按钮，选中场景中的"海豹"对象。

②　在顶视口中按住 Shift 键不放，沿 x 轴拖曳对象，到一定距离后释放鼠标左键，即可弹出【克隆选项】对话框。

③　在【克隆选项】对话框中的【对象】分组框中选中【实例】单选项，在【控制器】分组框中选择【复制】单选项，设置【副本数】为"2"，如图 1-37 所示。

④　单击 确定 按钮，即可沿着 x 轴方向复制出两个相同的海豹，如图 1-38 所示。

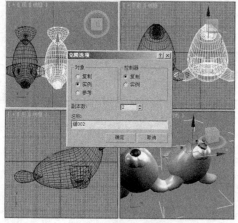

图1-37　设置复制参数

图1-38　复制结果

要点提示　若在【克隆选项】对话框的【对象】分组框中选中【复制】单选项，则克隆生成的对象与源对象独立，如果修改源对象，克隆对象不会随之修改；若选中【实例】单选项，则复制对象与源对象之间具有关联关系，修改源对象或克隆对象中的任意一个，另一个则随之修改。若选中【参考】单选项，则克隆对象完全依附于源对象，随着源对象的改变而改变，克隆对象不能单独编辑。

(3)　缩放对象。

①　选中复制生成的 1 个"海豹"对象。

②　在工具栏中单击 按钮，则"海豹"上出现缩放坐标架。

③　将鼠标指针放到坐标架中心，当指针变为 形状时，按住鼠标左键并上下拖曳，即可缩小或放大该对象，如图 1-39 所示。如果将鼠标指针放到某个坐标轴上，则可以沿该坐标轴缩放对象。

(4)　旋转对象。

①　选中复制出来的另一个"海豹"对象。

②　在工具栏中单击 按钮。

③　把鼠标指针放在"海豹"上，当指针变成旋转箭头时，按住鼠标左键并左右拖曳，即可旋转该对象，如图 1-40 所示。

要点提示　旋转对象时，被选中的对象上有 4 个圆圈，当鼠标指针置于外侧的灰色圆圈上时，可以在视图平面内旋转该对象；将鼠标指针置于其他 3 个颜色不同的圆圈上时，可以绕 x、y 和 z 3 个坐标轴旋转该对象。

图1-39　缩放对象

图1-40　旋转对象

1.1.2　范例解析——制作"公园一角"

本例将帮助读者初步熟悉 3ds Max 2014 的设计界面，并练习常用的基本操作。

【步骤提示】

1. 打开附盘文件"素材\第 1 章\公园一角\公园一角.max"，得到的场景如图 1-41 所示，渲染效果如图 1-42 所示。

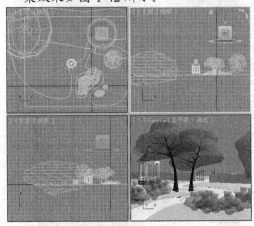

图1-41　打开的场景

图1-42　渲染效果

(1) 依次认识 4 个视口的名称，理解在各个视口中观察图形的视角。
(2) 练习更改视口名称以及模型显示形式。
(3) 练习将视口最大化显示。
2. 观察场景的组成。
(1) 认识场景中都包含哪些内容以及都是采用什么方法建模的。
(2) 练习使用多种方法选择模型中的对象。
3. 对场景的变换操作。
(1) 练习使用移动工具将第 2 棵树移动到如图 1-43 所示的位置。注意：移动时，要同时在多个视口中配合操作。

移动前　　　　　　　　　　　　　　　　移动后

图1-43　移动树

(2) 练习使用缩放工具将第 2 棵树整体缩小一定比例，如图 1-44 所示。

图1-44　缩小树

(3) 使用移动复制的方法复制出两棵树，并调整其位置，如图 1-45 所示。

图1-45　复制和移动树

(4) 删除草地上的部分草（选中后按键盘上的 Delete 键），删除后的效果如图 1-46 所示。

图1-46　删除草

1.2 明确 3ds Max 2014 的设计流程

3ds Max 2014 是面向对象操作的软件，对象是指在 3ds Max 中所能选择和操作的任何事物，包括场景中的几何体、摄影机和灯光、编辑修改器以及动画控制器等。

1.2.1 基础知识——深入学习 3ds Max 2014 的设计要领

要熟练掌握 3ds Max 2014，不但需要配置好设置环境，还要熟悉其设计流程。

一、配置视口

视口是人机进行交互的基础，3ds Max 的工作环境就是人与 3ds Max 进行对话的接口。

(1) 默认视口布局。

运行 3ds Max 2014 时，常使用 4 视口布局模式，4 视口的特点如下。

* 顶视口：从正上方向下观察对象的视口。
* 前视口：从正前方向后观察对象的视口。
* 左视口：从正左方向右观察对象的视口。
* 透视视口：从与上方、前方和左方均成相同角度的侧面观察对象的视口。

> **要点提示** 与顶视口对应的视口是底视口，是从下方向上方观察对象获得的视口。同理，与前视口对应的是后视口，与左视口对应的是右视口等。摄影机视口和灯光视口是从摄影机镜头或光源点观察对象获得的视口，需要在场景中先创建摄影机或灯光对象后才能使用。

(2) 更改视口类型。

用户可以根据需要改变视口的类型，在任意视口左上角的视口名称（如："前"、"顶"、"左"等）上单击鼠标左键，在弹出的菜单中选取新的视口类型即可，如图 1-47 所示。

(3) 配置视口布局。

选择菜单命令【视图】/【视口配置】，弹出【视口配置】对话框，切换到【布局】选项卡，如图 1-48 所示，利用该选项卡可以进行更加丰富的视口布局配置，如图 1-49 所示。

图1-47 调整视口类型

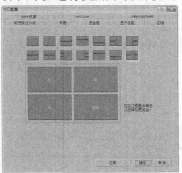
图1-48 【视口配置】对话框

图1-49 调整视口布局

(4) 调整视口大小。

将鼠标指针移动到多个视口的交汇中心，待其形状为 时，即可按住鼠标左键并拖曳，动态调整各个视口的大小，如图 1-50 所示。

二、 设置模型的显示方式

模型的显示方式是指模型显示的视觉效果，在视口左上角模型显示方式（如"真实"）上单击鼠标左键，在弹出的菜单中选择显示方式即可，如图 1-51 和图 1-52 所示。

图1-50   调整视口大小

图1-51   更改模型显示方式

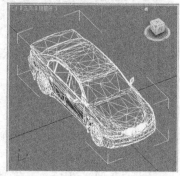

图1-52   调整显示方式后的结果

3ds Max 2014 提供了多种方式来显示模型，其特点和显示效果对比如表 1-3 所示。

表 1-3   模型的显示方式特点和显示效果对比

显示方式	特点	图例
真实	显示平滑的表面以及表面受到光照后的效果。使用这种显示方式可以直观地看到模型上光和色彩的层次感，显示效果良好，但是不便于选中编辑单元对象	
明暗处理	重点对模型色彩的明暗对比进行调节，能获得直观的三维效果，但是显示质量不及"真实"模式	
一致的色彩	使用单一色彩显示模型的特定表面，不具有色彩的层次感，显示效果较单调	
边面	通常与"真实"、"明暗处理"以及"一致的色彩"等着色模式组合使用，显示出模型上边界及表面的网格划分	
隐藏线	隐藏模型上法线指向偏离视口的面和顶点，其上不着色	

12

显示方式	特点	图例
线框	显示组成模型的全部边界框	
边界框	仅用立方体形状的方框来显示模型的长度、宽度和高度	

要点提示 在为模型选择显示方式时，虽然"真实"、"明暗处理"等方式的模型看起来更真实、直观，但是其耗费的系统资源也更大。而"隐藏线"、"线框"等方式耗费的资源小，且能显示模型的大致形状，实际设计中通常在不同视口中根据需要设置不同的显示方式来兼顾效果和资源消耗。

三、 3ds Max 的设计流程

使用 3ds Max 进行设计时，有一套相对固定的工作流程。

(1) 构建模型。

构建模型是三维设计的第一步，也是最关键的步骤。在制作模型时，首先要设置好工作环境，比如单位、辅助绘图功能等，然后根据实际需要选择合适的建模工具和手段。

(2) 赋予材质。

材质是 3ds Max 中的一个重要概念，可以为模型表面添加色彩、光泽和纹理，不但能美化对象，也为后续的动画制作以及渲染输出奠定了基础。

(3) 布置灯光。

灯光是三维制作中的重要要素，在表现场景、气氛方面起着至关重要的作用。灯光本身并不被渲染，只有在视图操作时才能看到。通常使用材质和灯光共同作用来产生良好的设计效果。

(4) 设置动画。

动画为三维设计增加了一个时间维度的概念。在 3ds Max 中，用户几乎可以对任何对象或参数定义动画效果。系统还为用户提供了大量实用工具来制作和编辑动画。

(5) 制作特效。

3ds Max 可以制作出各种在真实世界难以发生的效果，例如爆炸、奇幻等。特效能增加作品的美观和悬疑性，用户可以根据实际需要在不同阶段设置各种特效。

(6) 渲染输出。

渲染输出是整个设计的最后环节。完成前面的各项工作后，需要通过渲染输出把作品与

软件分开，独立呈现出来。3ds Max 可以将作品渲染为静态图片或动态的影片。

1.2.2　范例解析——制作"阅兵场景"

本案例通过制作"阅兵场景"为读者介绍使用 3ds Max 2014 进行动画开发的流程和一些基础的操作，包括创建、冻结对象、导入文件、成组、变换、对齐、复制对象、设置环境背景色、渲染输出、保存渲染图像等。其设计效果如图 1-53 所示

图1-53　阅兵场景

【设计思路】

- 使用平面工具创建地面。
- 导入坦克模型，使用变换工具对其大小和位置进行调整。
- 使用复制工具复制模型。
- 导入战斗机模型，对其进行变换和旋转等操作。
- 渲染视图，获得设计结果。

【操作步骤】

1. 创建地面。
(1) 确保当前设计界面有 4 个视口，否则可以在软件界面右下角的视图控制区中单击 按钮切换到 4 视口状态。
(2) 选择菜单命令【自定义】/【单位设置】，弹出【单位设置】对话框，按照图 1-54 所示设置单位为"米"。
(3) 在右侧的【创建】面板中单击　平面　按钮，在左上角的顶视口中按住鼠标左键，从左上角到右下角拖曳创建一个平面，如图 1-55 所示。
(4) 在工具栏中用鼠标右键单击 按钮，或者在右键快捷菜单中单击移动命令后面的小按钮 ，打开【移动变换输入】窗口，在【绝对:世界】分组框中设置平面中心相对于坐标系的绝对坐标，如图 1-56 所示。

图1-54　单位设置

14

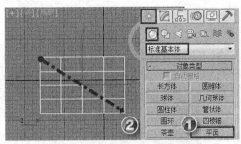

图1-55　创建平面

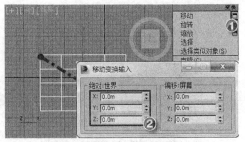

图1-56　输入变换坐标

(5)　在命令面板中单击 ☑ 按钮，切换到【修改】面板，在【参数】卷展栏中设置平面的【长度】和【宽度】参数；再单击右下角的【所有视图最大化显示】按钮 ⊞，最大化平面，如图 1-57 所示。

2.　导入坦克模型。

(1)　在选中平面的情况下，单击鼠标右键，在弹出的快捷菜单中选择【冻结当前选择】命令，将平面进行冻结以防止误操作，如图 1-58 所示。冻结后的平面为白色，如图 1-59 所示。

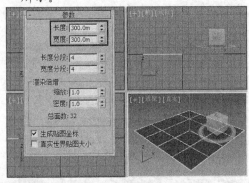

图1-57　修改平面大小

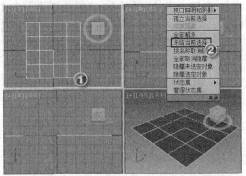

图1-58　冻结平面

(2)　单击软件界面左上角的 按钮，在弹出的菜单中选择【导入】/【合并】命令，选择附盘文件"素材\第 1 章\阅兵场景\坦克.max"，如图 1-60 所示。

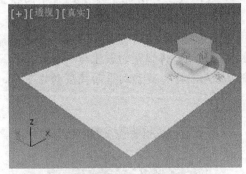

图1-59　冻结后的平面

图1-60　导入对象

(3)　在弹出的【合并-坦克.max】对话框中单击 全部(A) 按钮，选择导入所有模型，单击 确定 按钮完成导入，如图 1-61 所示。

(4)　选择菜单命令【组】/【成组】，在弹出的【组】对话框中输入"坦克"，单击 确定 按钮完成成组操作，如图 1-62 所示。

图1-61 导入全部对象

图1-62 成组模型

要点提示 在成组之前一定要确认选择了坦克模型的所有零件，可按 Ctrl+A 键进行全选，成组的目的是
方便后面对坦克模型进行编辑操作。

3. 变换并克隆坦克模型。

(1) 在工具栏中单击 按钮，在变换坐标架的中心三角形上按下鼠标左键并拖曳，对坦克
模型进行缩小或放大，使之大小适中，如图 1-63 所示。

(2) 在工具栏中单击 按钮，在变换坐标架的 z 轴上按下鼠标左键并拖曳，配合其他 3 个
视口，将坦克模型移动到平面之上，如图 1-64 所示。

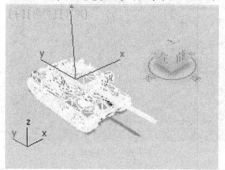

图1-63 缩放模型

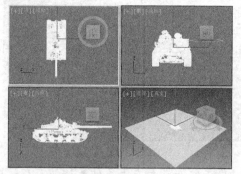

图1-64 移动对象

(3) 在任意视口单击鼠标右键，在弹出的快捷菜单中选择【全部解冻】命令，将平面模型
解冻。

(4) 选中坦克模型，在工具栏中单击 按钮，单击平面模型后弹出【对齐当前选择
（Plane001）】对话框，按照图 1-65 所示设置参数，该操作将坦克的底座与平面对齐。

(5) 单击 按钮，依次在 x 轴方向和 y 轴方向上移动坦克，将其移动到平面模型的左下角，
如图 1-66 所示。

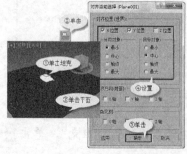

图1-65 对齐模型

图1-66 调整模型位置

(6) 按住键盘上的 Shift 键，在变换坐标架的 x 轴上按下鼠标左键并向右拖曳，释放鼠标左键，弹出【克隆选项】对话框，设置【副本数】为"8"，如图 1-67 所示，单击 确定 按钮，完成克隆，如图 1-68 所示。

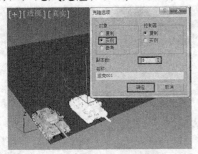

图1-67 设置克隆参数

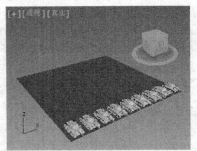

图1-68 克隆结果

(7) 按住 Ctrl+A 键选择场景中所有的坦克和平面，按住 Alt 键的同时用鼠标左键单击平面，取消对平面的选择，这样就成功地选择了所有坦克，先按下 Shift 键，再按下鼠标左键在 y 轴上拖曳，在弹出的【克隆选项】对话框中设置【副本数】为"4"，如图 1-69 所示，结果如图 1-70 所示。

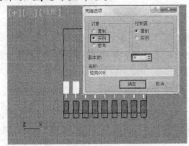

图1-69 设置克隆参数

图1-70 克隆结果

4. 导入战斗机模型。

(1) 单击 按钮，选择【导入】/【合并】命令，选择附盘文件"素材\第 1 章\阅兵场景\战斗机.max"，在弹出的【合并-战斗机.max】对话框中双击列表中的【战斗机】完成导入。

(2) 若看不到飞机在哪里，可以利用右下角的【最大化显示选定对象】 按钮来迅速找到飞机，这里需要说明的是新导入的模型一开始都是选中状态的，然后仿照前面的操作，对导入的模型进行适当放大，注意模型之间的比例，然后将其移动到坦克上方，如图 1-71 所示。

(3) 在工具栏中单击 按钮和 按钮，在黄色圈上按下鼠标左键并拖曳，将战斗机模型旋转 180°，如图 1-72 所示。

图1-71 导入战斗机模型

图1-72 旋转战斗机模型

(4) 在顶视口中按住 Shift 键，再克隆 5 架战斗机，然后移动战斗机模型排成阵列，效果如图 1-73 所示。

(5) 在界面右下角单击 按钮，然后在透视视口中调整视角，如图 1-74 所示。

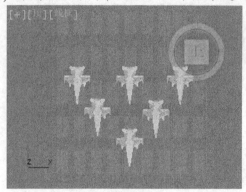

图1-73　复制并调整模型位置

图1-74　调整视角

5.　渲染并保存结果。

(1) 按 8 键打开【环境和效果】对话框，单击【背景】分组框中的【颜色】色块，设置背景色为"白色"，如图 1-75 所示。

(2) 单击工具栏中的 按钮，在【渲染预设】下拉列表中选择【3dsmax.scanline.no.advanced.lighting.high】选项，在弹出的【选择预设类别】对话框中单击 加载 按钮，如图 1-76 所示。

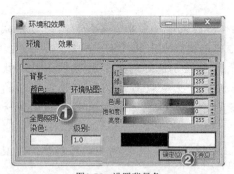

图1-75　设置背景色

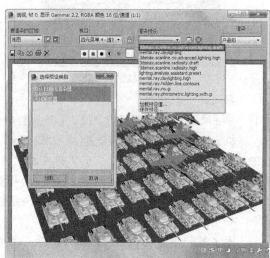

图1-76　渲染设置

(3) 单击右上角的 渲染 按钮渲染场景，结果如图 1-77 所示。

> 要点提示　在渲染之前需要将场景文件进行保存，然后将素材文件夹"素材\第 1 章\阅兵场景"下的"maps"文件夹复制到文件的保存目录，否则软件会提示找不到贴图文件。

(4) 单击 按钮，在弹出的【保存图像】对话框中选择图像保存的路径，设置保存类型并输入文件名，如图 1-78 示。单击 保存(S) 按钮，弹出【JPEG 图像控制】对话框，单击 确定 按钮完成图像的保存。

图1-77 渲染结果

图1-78 保存设置

1.3 知识拓展——常用快捷键

用户在使用 3ds Max 设计时，如果都通过鼠标操作来实现效果很不方便，而且效率比较低，要想快速高效地完成作品的设计就需要掌握一些常用的快捷键。表 1-4 列出了 3ds Max 2014 的常用快捷键。

表 1-4 3ds Max 2014 常用快捷键及功能

快捷键	功能	快捷键	功能
A	角度捕捉开关	B	切换到底视口
C	切换到摄影机视图	D	封闭视窗
E	切换到轨迹视图	F	切换到前视口
G	切换到网格视图	H	显示通过名称选择对话框
I	交互式平移	K	切换到后视口
L	切换到左视口	N	动画模式开关
O	自适应退化开关	P	切换到预览视图
R	切换到右视口	S	捕捉开关
T	切换到顶视口	U	切换到用户视图
W	最大化视窗开关	X	中心点循环
Z	缩放模式	[	交互式移近
]	交互式移远	/	播放动画
F5	约束到 x 轴方向	F6	约束到 y 轴方向
F7	约束到 z 轴方向	F8	约束轴面循环
Space	选择集锁定开关	End	进入最后一帧

19

续表

快捷键	功能	快捷键	功能
Home	进到起始帧	Insert	循环子对象层级
PageUp	选择父系	PageDown	选择子系
Num+	向上轻推网格	Num-	向下轻推网格
Ctrl+A	选中场景中所有对象	Ctrl+B	子对象选择开关
Ctrl+F	循环选择模式	Ctrl+L	默认灯光开关
Ctrl+N	新建场景	Ctrl+O	打开文件
Ctrl+P	平移视图	Ctrl+R	旋转视图模式
Ctrl+S	保存文件	Ctrl+T	纹理校正
Ctrl+W	区域缩放模式	Ctrl+Z	取消场景操作
Ctrl+Space	创建定位锁定键	Shift+A	重做视窗操作
Shift+B	视窗立方体模式开关	Shift+C	显示摄影机开关
Shift+E	以前次参数设置进行渲染	Shift+F	显示安全框开关
Shift+G	显示网格开关	Shift+H	显示辅助物体开关
Shift+I	显示最近渲染生成的图像	Shift+L	显示灯光开头
Shift+O	显示几何体开关	Shift+P	显示粒子系统开关
Shift+Q	快速渲染	Shift+R	渲染场景
Shift+S	显示形状开关	Shift+W	显示空间扭曲开关
Shift+Z	取消视窗操作	Shift+4	切换到聚光灯/平行灯光视图
Ctrl+Shift+Z	全部场景范围充满视图	Shift+Space	创建旋转锁定键
Shift+Num+	移近两倍	Shift+Num-	移远两倍
Alt+S	网格与捕捉设置	Alt+Space	循环通过捕捉
Alt+Ctrl+Z	场景范围充满视窗	Alt+Ctrl+Space	偏移捕捉
Ctrl+Shift+A	自适应透视网线开关	Ctrl+Shift+P	百分比捕捉开关

1.4　习题

1. 简要说明三维动画的特点和应用。
2. 3ds Max 2014 的设计环境主要有哪些要素构成？
3. 3ds Max 2014 的默认视口配置主要由哪四类视口组成？
4. 如何对选定对象进行复制操作？
5. 如何一次选中场景中的多个对象？

第2章　基本体建模

【学习目标】
- 掌握使用标准基本体建模的一般方法。
- 掌握使用扩展基本体建模的一般方法。
- 了解建筑对象的种类和应用。
- 熟悉使用复制、移动和旋转等方法创建复杂模型。

基本体是指 3ds Max 2014 系统配置的标准几何体，这些几何体具有确定的形状。每种基本体可以当作不同形状的"积木"，用来"搭建"成大型模型。同时，各种基本体都是参数化模型，修改其中丰富的参数值可以方便修改其大小和形状。

2.1　初步了解基本体

基本体建模是 3ds Max 2014 建模体系中最简洁、最快速的建模方式，只要通过鼠标拖曳就可以制作出常用的各种几何对象和系统提供的对象。

2.1.1　预备知识——应用标准基本体

3ds Max 2014 提供了 10 种标准基本体，如图 2-1 所示。这些标准基本体是生活中最常见的几何体，可以用来构建模型的许多基础结构。

图2-1　标准基本体

一、 创建长方体

长方体是建模过程中使用最频繁的形体，既可以将多个长方体组合起来搭建成各种组合体，同时也可以将其转换为网格物体进行细分建模。

(1) 创建长方体的基本步骤如图 2-2 所示。

① 在命令面板中选取长方体建模工具。

② 在适当的视口中单击或拖曳以创建近似大小和位置的长方体。

③ 调整长方体的参数和位置。

  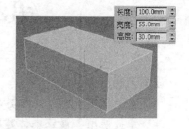

图2-2　创建长方体的基本步骤

要点提示：创建长方体时，首先按住鼠标左键并拖曳绘出其底面大小，随后释放左键，继续拖曳鼠标指针决定长方体的高度，确定后单击鼠标左键。绘制底面时如果按住 `Ctrl` 键拖曳鼠标，则绘制的底面为长宽相等的正方形。

(2) 长方体的基本参数。

长方体的参数面板如图 2-3 所示，各选项的功能介绍如表 2-1 所示。

图2-3　长方体的参数面板

表 2-1　　　　　　　　　　　　　　　　　　　长方体常用参数用法

参数	功能	示例
名称和颜色	● 要为对象命名，在【名称和颜色】卷展栏的文本框中输入对象名称即可 ● 单击文本框右侧的色块图标，从弹出的【对象颜色】面板中为对象设置颜色，如图 2-4 所示	
创建方法	● 选择【立方体】单选项时，可以创建长、宽和高均相等的立方体 ● 选择【长方体】单选项时，可以创建长、宽和高均相不等的长方体	

续表

参数		功能	示例
键盘输入		• 通过键盘输入可以在指定位置创建指定大小的模型，实现精确建模 • 首先在【键盘输入】卷展栏中输入长方体底面中心坐标（x，y，z） • 然后输入长方体的长度、宽度和高度 • 最后单击 创建 按钮即可创建长方体	
参数	长度、宽度、高度	• 分别确定长方体的长度、宽度和高度	
	长度分段、宽度分段、高度分段	• 确定长方体在长、宽和高3个方向上的片段数 • 表现在模型上就是每个方向的网格线数量 • 当视口为"线框"或"边面"显示方式时，分段数会以白色网格线显示	
	生成贴图坐标	• 建模后自动生成贴图坐标 • 通常被选中，以方便地对模型进行贴图操作	
	真实世界贴图大小	• 若不选中此项，则贴图大小由模型的相对尺寸决定，对象较大时，贴图也较大 • 选中此项，贴图大小由对象的绝对尺寸决定	

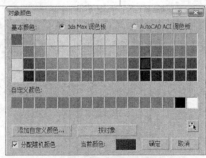

图2-4　【对象颜色】面板

(3) 技巧提示。

使用长方体建模时，要注意以下基本技巧。

• 使用基本体建模时，应该养成为每一个新建的基本体进行命名的好习惯，以方便以后选择和查找对象。

• 为了区分不同的对象，可以分别为其设置不同的颜色，但是这里设置的颜色并不能生成逼真的视觉效果，需要借助材质和灯光设置。

• 设置分段参数是为了便于对模型进行修改，特别是使模型产生形状改变，分段数越多，模型变形后的形状过渡越平滑，如图 2-5 和图 2-6 所示。

• 模型分段数越多，占用的系统资源也越大，因此，设计时不要盲目追求模型的精致而设置过高的分段数。

图2-5 分段数为3

图2-6 分段数为20

二、 创建圆柱体

使用圆柱体工具除了能创建圆柱体外，还能创建棱柱体、局部圆柱等，将高度设置为 0 时还可以创建圆形或扇形平面。

创建圆柱体的基本步骤如图 2-7 所示。

① 在命令面板中选取圆柱体建模工具。

② 在适当的视口中单击或拖曳以创建近似大小和位置的圆柱体。

③ 调整圆柱体的参数和位置。

图2-7 创建圆柱体的一般步骤

 创建圆柱体时，首先按住鼠标左键并拖曳，以确定圆柱体底面大小，随后释放鼠标左键，继续拖曳鼠标指针决定圆柱体的高度，确定后单击鼠标左键。

(4) 圆柱体的基本参数。

圆柱体的参数面板如图 2-8 所示，各选项的功能介绍如表 2-2 所示。

图2-8 圆柱体的参数面板

表 2-2 圆柱体常用参数用法

参数		功能	示例
创建方法		<ul><li>若选取【边】，则绘制底面时首先单击的点位于圆周上</li><li>若选取【中心】，则绘制底面时首先单击的点位于圆心处</li><li>在右图中，从坐标原点处按住鼠标左键并拖曳创建圆柱体，可以看到两个选项对应的圆柱体的位置有明显差异</li></ul>	
参数	半径、高度	<ul><li>确定圆柱的底圆半径和高度</li></ul>	
	高度分段、端面分段	<ul><li>确定高度和端面两个方向的分段数</li><li>端面分段为一组同心圆，与高度分段在底面上形成类似蛛网的结构</li></ul>	
	边数	<ul><li>圆柱体的底圆并不是绝对的圆形，而是一定边数的正多边形</li><li>边数越多，与理想圆柱之间的误差就越小</li><li>将【边数】设置为"3"时为三棱柱，将【边数】设置为"4"时为立方体</li></ul>	
	平滑	<ul><li>由于底圆是由正多边形逼近的，因此圆柱体上有明显的棱边</li><li>为了消除这种视觉影响，可以采用棱边间采用"平滑"处理，使圆柱各表面过渡更平顺</li></ul>	
	启用切片、切片起始位置、切片结束位置	<ul><li>用来创建局部圆柱体（不完整圆柱体）</li><li>首先选中【启动切片】复选项，然后设置切片起始位置（角度值，顺时针为负值，逆时针为正值）和切片结束位置</li></ul>	

三、 创建其他基本体

下面简要介绍其他几类基本体的创建要领。

(1) 创建圆锥体。

使用"圆锥体"工具可以创建正立或倒立的圆锥或圆台，如图 2-9 所示，其参数面板如图 2-10 所示。

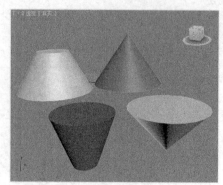

图2-9 各类圆锥体

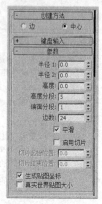

图2-10 圆锥体参数

圆锥体的主要参数如下。

- **【半径 1】**：圆锥体底圆半径，其值不能为 0。
- **【半径 2】**：圆锥体顶圆半径，其值为 0 时创建圆锥；其值为非零时创建圆台。
- **【高度】**：如要创建倒立的圆锥或圆台，则在【高度】参数中输入负值。

要点提示 手动创建圆锥时，首先按住鼠标左键并拖曳确定底圆半径，然后松开鼠标左键确定圆锥高度，随后单击鼠标左键，最后拖曳鼠标指针确定顶圆半径，完成后单击鼠标左键。

(2) 创建球体。

使用"球体"命令可以制作多面体或平滑的球体，也可以制作局部球体（如半球体），如图 2-11 所示，其参数面板如图 2-12 所示。球体的主要参数及功能如表 2-3 所示。

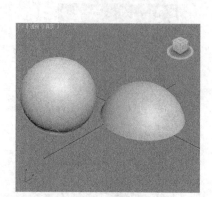

图2-11 各类球体

图2-12 球体参数

表 2-3   球体主要参数及功能

参数	功能	示例
分段	· 分段表现在球体上为一定数量的经圆和纬圆 · 球体的最小分段数为 4 · 分段数较少时，球体显示为多面体 · 分段数增加时则逐渐逼近理想的球体	分段为4 分段为6 分段为8 分段为30

参数	功能	示例
半球	• 【半球】参数用于创建不完整球体 • 其值越大，球体缺失的部分越多	半球为0.7　半球为0.5　半球为0.3　半球为0.0
切除、挤压	• 选中【切除】单选项，多余的球体会被直接切除 • 选中【挤压】单选项，整个球体挤压为半球，可以看到示例中球体上的网格线密度增加	切除　挤压
轴心在底部	• 未选中【轴心在底部】复选项时，按住鼠标左键并拖曳鼠标指针来绘制球体，首先单击的点用来确定球的中心 • 选中【轴心在底部】时，首先单击的点用来确定球的下底点	轴心在中心　轴心在底部

(3) 创建几何球体。

几何球体使用三角面拼接的方式来创建球体，在进行面的分离特效（如爆炸）时，可以分解为无序而混乱的多个多面体，其参数如图 2-13 所示。在【基点面类型】分组框中可选取由哪种规则形状的多面体组成几何球体，如图 2-14 所示。

图2-13　几何球体参数

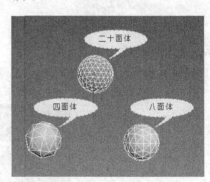

图2-14　不同基点面类型的球体

(4) 创建管状体。

利用 管状体 按钮可生成圆形或棱柱形的中空管状体，其参数如图 2-15 所示。【半径1】为管状体的内径，【半径 2】为管状体的外径，将【边数】设置为不同值时管道的形状不同，如图 2-16 所示。

图2-15　管状体参数

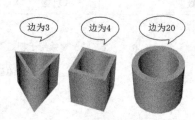

图2-16　不同边数的管状体

(5) 创建圆环。

利用　　圆环　　工具可以创建圆环或具有圆形横截面的环，其参数如图 2-17 所示。其中【半径 1】和【半径 2】分别为圆环外圆半径和内圆半径。在【平滑】分组框中有 4 种圆环面平滑方式，其效果对比如图 2-18 所示。

- 【全部】：在圆环整个曲面上生成完整平滑的效果。
- 【侧面】：平滑相邻分段之间的边线，生成围绕圆环的平滑带。
- 【无】：无平滑效果，在圆环上形成锥面形状。
- 【分段】：分别平滑每个分段。

图2-17　圆环参数

图2-18　不同平滑效果的圆环

(6) 创建四棱锥。

四棱锥具有方形或矩形底面和三角形侧面，外形与金字塔类似，其外形和参数如图 2-19 所示。其中【宽度】和【深度】分别表示底面的宽和长。

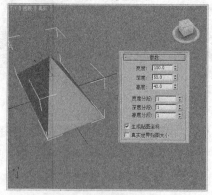

图2-19　四棱锥及其参数

初步了解基本体

(7) 创建茶壶。

利用 茶壶 工具可以创建茶壶体。茶壶包括 4 个部件，在【茶壶部件】分组框中可以选择创建其中某一个或几个部件，如图 2-20 所示。

(8) 创建平面。

利用 平面 工具可以创建没有厚度的平面。在【渲染倍增】分组框中的【缩放】文本框中可以设置长度和宽度在渲染时的倍增因子；在【密度】文本框中可以设置长度和宽度分段数在渲染时的倍增因子，如图 2-21 所示。

图2-20　茶壶部件及其参数

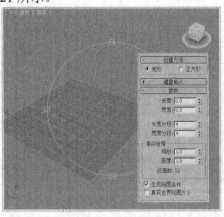

图2-21　平面及其参数

2.1.2　范例解析——制作"便捷自行车"

本案例将使用【标准基本体】和【扩展基本体】与阵列、镜像等工具相结合创建自行车车轮，然后导入其他部件组装自行车，结果如图 2-22 所示。

图2-22　创建自行车

【设计思路】

- 使用圆环创建车轮主体。
- 使用圆柱体创建轮轴。
- 使用圆柱体创建轮辐并对其复制和阵列操作。
- 导入其他部件，组装自行车。

【步骤提示】

1. 制作车轮。

(1) 创建圆环，如图 2-23 所示。

① 单击 按钮切换到【创建】面板。

29

② 单击○按钮切换到【标准基本体】面板。

③ 单击 圆环 按钮。

④ 在前视图上拖曳鼠标指针创建一个圆环。

(2) 设置圆环参数，如图 2-24 所示。

① 选中场景中的圆环，单击☑按钮切换到【修改】面板。

② 在【参数】卷展栏中设置【半径 1】为 "210"，【半径 2】为 "30"，【分段】为 "48"，【边数】为 "7"。

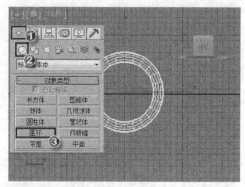
图2-23 创建圆环

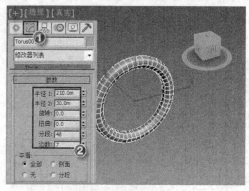
图2-24 设置圆环参数

2. 制作车轮轴。

(1) 创建圆柱体，如图 2-25 所示。

① 单击 ⚙ 按钮切换到【创建】面板。

② 单击○按钮切换到【标准基本体】面板。

③ 单击 圆柱体 按钮。

④ 在前视图上拖动鼠标创建一个圆柱体。

(2) 设置圆柱体参数，如图 2-26 所示。

① 选中场景中的圆柱体，单击☑按钮切换到【修改】面板。

② 在【参数】卷展栏中设置【半径】为 "7"，【高度】为 "140"。

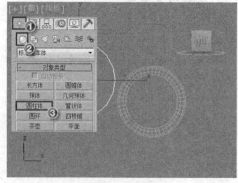
图2-25 创建圆柱体

图2-26 设置圆柱体参数

(3) 对齐车轮与车轮轴，如图 2-27 所示。

① 选中场景中的 "轴" 对象，在【工具栏】中单击 🔲 按钮。

② 单击拾取场景中的圆环，弹出【对齐当前选择】对话框。

③ 在【对齐位置(屏幕)】分组框中选择【X 位置】、【Y 位置】和【Z 位置】复选项。

④ 在【当前对象】和【目标对象】分组框中选择【中心】单选项，然后单击 确定 按钮，将轴中心与圆环中心在x、y、z这3个方向上对齐。

(4) 创建圆盘，如图2-28所示。

① 继续在前视图中创建一个圆柱体。

② 在【修改】面板的【参数】卷展栏中设置【半径】为"20"，【高度】为"2"。

③ 将新建的圆柱体与上一步创建的车轮轴中心对齐。

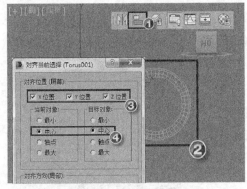

图2-27　对齐车轮与轴

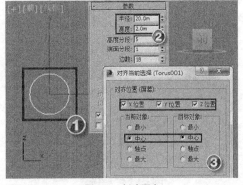

图2-28　创建圆盘

(5) 设置圆盘的位置，如图2-29所示。

① 单击【工具栏】中的 按钮。

② 单击选中上一步创建的"圆盘"物体，在透视图中沿y轴方向移动，使其与车轴的顶端保持一小段距离。

3. 制作车轮的辐条。

(1) 创建辐条，如图2-30所示。

① 单击【创建】面板中的 圆柱体 按钮，在顶视图中创建一个圆柱体。

② 在【修改】面板的【参数】卷展栏中设置【半径】为"1.5"，【高度】为"200"。

③ 在【工具栏】面板上单击 按钮。

④ 在前视图中选中圆柱体，并移动到轴端面轮廓的边缘处。

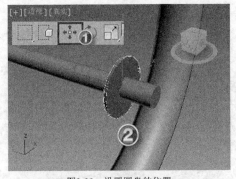

图2-29　设置圆盘的位置

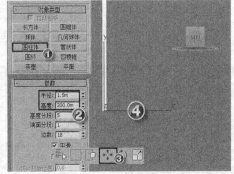

图2-30　创建辐条

(2) 旋转辐条，如图2-31所示。

① 选中场景中的辐条，在【工具栏】面板上用鼠标右键单击 按钮，打开【旋转变换输入】对话框。

② 设置【绝对：世界】分组框中的【X】为"-15"，【Y】为"-8"，【Z】为"2.5"。

4. 镜像复制辐条。

(1) 设置参考坐标系，如图 2-32 所示。

① 在【工具栏】面板上单击 视图 按钮，选择【拾取】选项。

② 单击选中场景的圆环，选取圆环坐标系作为场景的参考坐标系。

③ 在【工具栏】面板上按住 按钮不放，然后单击 按钮，使所有物体使用圆环的坐标中心为坐标中心。

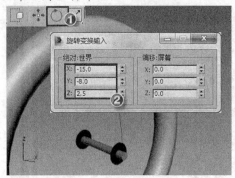

图2-31　旋转辐条

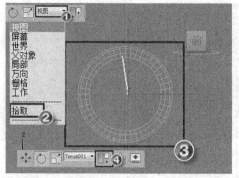

图2-32　设置参考坐标系

(2) 镜像复制辐条，如图 2-33 所示。

① 选中辐条，在工具栏上单击 按钮，弹出【镜像:Torus001 坐标】对话框。

② 在【镜像轴】分组框中选择【X】单选项。

③ 在【克隆当前选择】分组框中选择【复制】单选项，单击 确定 按钮，完成复制。

> 要点提示　镜像是指使用一个对话框来创建选定对象的镜像克隆或在不创建克隆的情况下镜像对象的方向。镜像过程中是以当前坐标系中心进行镜像的，不同的坐标系会产生不同位置的镜像效果，所以，上一步操作中要设置参考坐标系。

(3) 组合辐条，如图 2-34 所示。

① 在【工具栏】面板上单击 Torus01 ，然后选择【视图】选项。

② 选中场景中的两根辐条。

③ 选择菜单命令【组】/【组】，弹出【组】对话框。

④ 在【组】对话框中设置【组名】为"辐条组"，单击 确定 按钮，将两根辐条组合为一个整体。

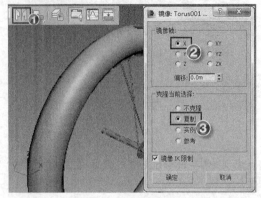

图2-33　镜像复制辐条

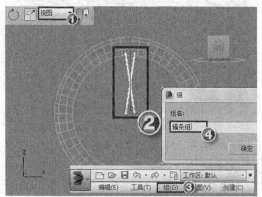

图2-34　组合辐条

要点提示　选中成组后的对象后，选择菜单命令【组】/【解组】，可以将该组解散为独立的对象。

(4) 再次设置参考坐标系。按照步骤（1）将圆环的坐标系设置为参考坐标系，设置后的效果如图 2-35 所示。

(5) 阵列复制辐条，如图 2-36 所示。

① 选中场景中的"辐条组"对象，选择菜单命令【工具】/【阵列】，弹出【阵列】对话框。

② 单击【旋转】命令右边的 > 图标，即可将【输入指令单位】设为【总计】。

③ 在【Z】轴对应的文本框中输入"360"，在【对象类型】分组框中选择【实例】单选项，在【阵列维度】分组框的【ID】文本框中输入"14"，单击 确定 按钮，完成复制。

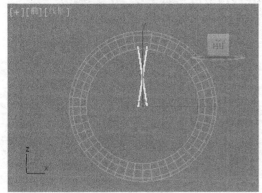
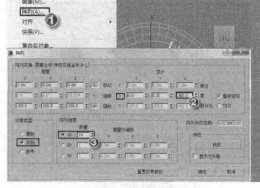

图2-35　设置坐标系　　　　　　　图2-36　阵列复制辐条

要点提示　在参数设置完成后，可单击对话框中右侧的 预览 按钮预览设置效果。

(6) 复制车轮另一侧的辐条，如图 2-37 所示。

① 选中场景中的所有辐条和轴的端面。

② 单击【工具栏】面板上的 按钮，弹出【镜像:Torus001 坐标】对话框。

③ 在【镜像轴】分组框中选择【Z】单选项。

④ 在【克隆当前选择】分组框中选择【复制】单选项，单击 确定 按钮，完成复制。

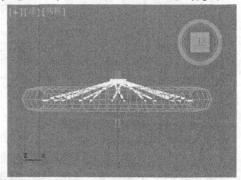

图2-37　复制车轮另一侧的辐条

要点提示　【镜像:Torus001 坐标】对话框名称中的"Torus001"，即为镜像操作中的参考坐标系，通过从名称的观察就能确定选择的参考坐标系是否正确。

(7) 旋转辐条。在顶视图中选中车轮一侧的辐条，单击【工具栏】面板上的 按钮，在前视图中旋转辐条，使车轮两侧的辐条错开，如图 2-38 所示。

> **要点提示** 自行车车轮表面还有一些沟槽等结构，由于篇幅所限，本例就不再对其进行详细设计了，有兴趣的读者可以自己根据所学的知识进行完善。

5.　组合自行车。

(1)　组合所有对象，如图 2-39 所示。

① 按 Ctrl + A 键选中所有的对象。

② 选择菜单命令【组】/【组】，弹出【组】对话框。

③ 设置【组名】为"车轮"，单击 确定 按钮，将所有对象组合为一个整体。

图2-38　旋转辐条

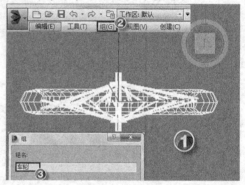

图2-39　组合对象

(2)　导入自行车其他结构，如图 2-40 所示。

① 在主菜单栏中单击 按钮，在弹出的下拉菜单中选择【导入】/【合并】命令，弹出【合并文件】对话框。

② 选择附盘文件"素材\第 2 章\自行车车轮\自行车结构.max"，单击 打开(O) 按钮。

③ 弹出【合并-自行车结构】对话框，选中【自行车结构】，单击 确定 按钮，即可将自行车其他结构导入到场景中。

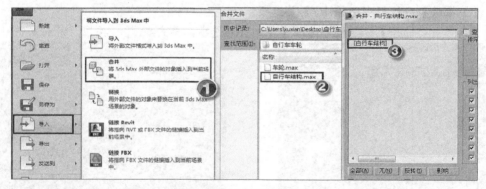

图2-40　导入自行车其他结构

(3)　设置车轮的大小和位置，如图 2-41 所示。

① 选中场景中的车轮，在【工具栏】面板上右键单击 按钮，弹出【缩放变换输入】对话框。

② 设置【绝对:世界】/【X】为"2.50"，【Y】为"2.50"，【Z】为"2.50"。

③ 在【工具栏】面板上右键单击 按钮，弹出【移动变换输入】对话框。

④ 设置【绝对:世界】/【Y】为"-8.95"，【Z】为"-8.95"。

(4) 复制车轮，如图 2-42 所示。

① 在【工具栏】面板上单击 按钮，在透视图中按住 Shift 键沿 y 轴移动对象，将弹出【克隆选项】对话框，在【对象】分组框中选择【复制】单选项，并设置【副本数】为"1"，单击 确定 按钮，完成复制。

② 在【工具栏】面板上右键单击 按钮，弹出【移动变换输入】对话框。

③ 设置【绝对:世界】/【Y】为"14.25"，【Z】为"-8.954"。

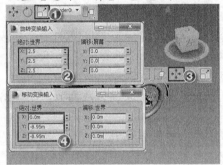

图2-41　设置车轮的大小和位置

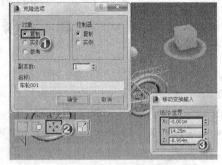

图2-42　复制车轮

(5) 按 Ctrl+S 键保存场景文件，本案例制作完成，参考结果如图 2-43 所示。

图2-43　设计效果

2.2 深入应用几何体

除了使用标准基本体建模外，还可以使用软件提供的扩展基本体以及门、窗户等建筑物体来创建结构更加丰富的模型，在其基础上合理使用各种修改器，可以创建出复杂的对象。

2.2.1 预备知识——认识其他几何体

使用 3ds Max 2014 建模时，还可以使用以下几何体。

一、扩展几何体

3ds Max 2014 提供了 13 种扩展基本体，如图 2-44 所示。扩展基本体的创建方法与标准基本体的创建方法类似，其设计参数更加丰富，设计灵活性更大。

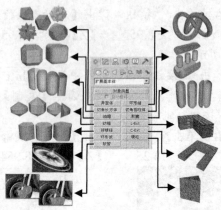

图2-44　扩展基本体

(1)　创建异面体。

利用 异面体 工具可以创建各种由奇异表面组成的多面体，通过参数调节，制作出各种复杂造型的物体。其参数如图 2-45 所示。

- 【系列】：在该分组框中可以创建 5 种基本形体，如图 2-46 所示。

图2-45　异面体参数

图2-46　各种异面体

- 【系列参数】：在该分组框中可以为多面体顶点和各面之间提供 P、Q 两个关联参数，用来改变其几何形状。
- 【轴向比率】：包括 P、Q 和 R 这 3 个比例系统，控制 3 个方向的轴向尺寸大小。
- 【顶点】：可以使用基点、中心以及中心和边 3 种方式来确定顶点的位置。
- 【半径】：确定异面体的主体尺寸大小。

(2)　创建切角长方体。

切角长方体用于直接创建带有圆形倒角的长方体，省去了后续"倒角"操作的麻烦，用于创建棱角平滑的物体，其参数如图 2-47 所示。

建模时，首先按照长、宽和高创建出长方体的轮廓，然后拖曳鼠标指针确定圆形倒角的半径大小，不同参数的圆角效果如图 2-48 所示。

图2-47 切角长方体参数

图2-48 各种切角长方体

切角圆柱体的创建方法和用法与之类似。

(3) 创建 L－Ext（L 形墙）。

L－Ext 用于创建类似于墙体的模型：墙体具有一定的厚度，呈直角相交。主要参数如图 2-49 所示。

建模时，首先确定 L－Ext 的底面形状，包括【侧面长度】和【前面长度】两个参数，然后确定其高度，最后确定其厚度参数，包括【侧面宽度】和【前面宽度】两个参数，如图 2-50 所示。

图2-49 L－Ext 参数

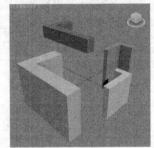

图2-50 各种 L－Ext

C－Ext 的创建方法和用法与之类似。

二、 创建建筑对象

建筑对象主要包括 "AEC 扩展" 对象（其中包含植物、栏杆和墙）、楼梯、门及窗等。

(1) 建筑对象的种类。

常用建筑对象的类型及其用途如表 2-4 所示。

表 2-4 　　　　　　　　　　　AEC 扩展、楼梯、门、窗

AEC 扩展

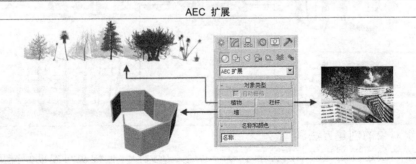

续表

楼梯

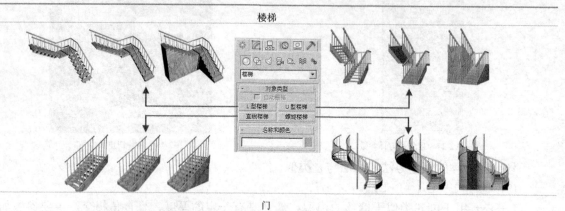

门

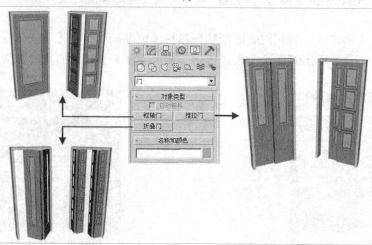

窗

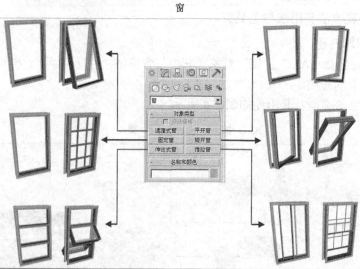

（2）建筑对象的创建方法。

建筑对象的创建方法与前面两种基本体的创建方法类似，但建筑对象创建完成后大多需要进入【修改】面板对其参数进行修改才能更好地使用。

图 2-51 所示为创建的一个"枢轴门"，在修改参数之前很难辨认出它具体是何种对象，通过进行如图 2-52 所示的参数修改后，才能成为可用的"枢轴门"对象。

图2-51　创建枢轴门

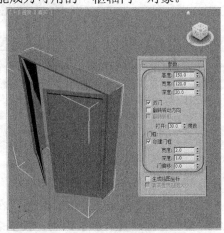

图2-52　设置参数

2.2.2　范例解析——制作"精美小屋"

　　本案例将使用【标准基本体】、【门】、【窗】以及【AEC 扩展】对象来搭建一个精美的小屋，设计效果如图 2-53 所示。

图2-53　"精美小屋"设计效果

【设计思路】

- 使用平面工具创建地面。
- 使用长方体工具创建屋体。
- 使用圆柱体工具创建屋顶。
- 使用长方体工具依次创建房檐、屋檐和房顶。
- 使用复制和阵列方法创建瓦砾。
- 依次创建门、窗、栅栏和植物等建筑要素。

【步骤提示】

1. 运行 3ds Max 2014 并新建场景文件。
2. 设置单位。

　　选择菜单命令【自定义】/【单位设置】，弹出【单位设置】对话框，设置参数如图 2-54 所示。

图2-54　设置单位

3.　创建地面，如图 2-55 所示。

(1)　在【创建】面板中单击　平面　按钮，在顶视图上绘制平面。

(2)　单击　按钮切换到【修改】面板。设置名称为 "地面"，为模型设置适当的颜色。

(3)　设置平面的长度和宽度。

(4)　单击界面右下角的　按钮，适当缩放模型。

(5)　右键单击工具栏中的　按钮，输入平面中心相对于坐标系的坐标。

4.　创建屋体，如图 2-56 所示。

(1)　在【创建】面板中单击　长方体　按钮，在顶视图上绘制长方体。

(2)　切换到【修改】面板。设置名称为 "屋体"，为模型设置适当的颜色。

(3)　设置长方体的长、宽和高。

(4)　在工具栏右键单击　按钮，设置长方体底面中心相对于坐标系的坐标。

图2-55　创建地面

图2-56　创建屋体

5.　创建屋顶，如图 2-57 所示。

(1)　在【创建】面板中单击　圆柱体　按钮，按住 Shift 键在前视图中创建圆柱体。

(2)　在【修改】面板中设置名称为 "屋顶"，为模型设置适当的颜色。

(3)　设置圆柱体的基本参数。

(4)　在工具栏右键单击　按钮，设置圆柱中心相对坐标系的相对坐标。

(5)　在工具栏右键单击　按钮，设置圆柱旋转的角度。

(6)　长按工具栏中的　按钮，在弹出的下拉列表中选择　按钮。

(7)　右键单击　按钮，在弹出的【缩放变换输入】对话框中设置缩放参数。

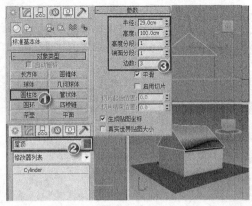
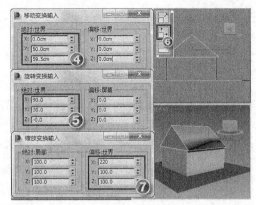

图2-57　创建屋顶

6. 创建房檐，如图 2-58 所示。

(1) 单击【创建】面板上的　长方体　按钮，在前视图上绘制一个长方体。

(2) 在【修改】面板中设置名称为"房檐"，为模型设置适当的颜色。

(3) 设置长方体的基本参数。

(4) 输入移动变换坐标。

(5) 输入旋转变换坐标。

(6) 单击 ✥ 按钮，在顶视图中按住 Shift 键沿 y 轴复制一个"房檐"对象。

(7) 在 ✥ 按钮上单击鼠标右键，设置其 y 坐标为"50"。

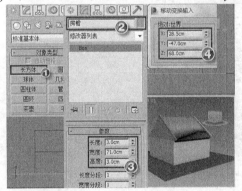
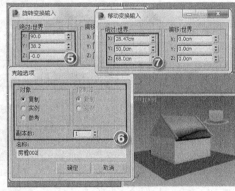

图2-58　创建房檐

7. 创建屋檐，如图 2-59 所示。

(1) 单击【创建】面板上的　长方体　按钮，在前视图上绘制一个长方体。

(2) 在【修改】面板中设置名称为"屋檐"，为模型设置适当的颜色。

(3) 设置长方体的基本参数。

(4) 输入移动变换坐标。

(5) 输入旋转变换坐标。

8. 创建房顶，如图 2-60 所示。

(1) 单击【创建】面板上的　长方体　按钮，在前视图上绘制一个长方体。

(2) 在【修改】面板中设置名称为"房顶"，为模型设置适当的颜色。

(3) 设置长方体的基本参数

(4) 输入移动变换坐标。

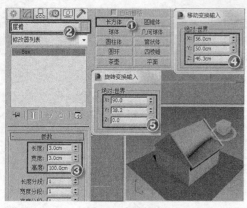

图2-59　创建屋檐

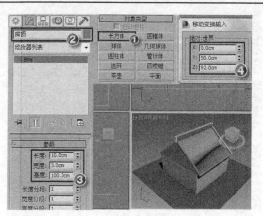

图2-60　创建房顶

9.　创建瓦砾，如图 2-61 所示。

(1)　在顶视图选中视图下方的"房檐"对象，然后单击工具栏上的 按钮，按住 Shift 键和鼠标左键，沿 y 轴拖曳复制出一个对象。

(2)　设置复制参数，并将其重命名为"瓦砾"。

(3)　在【修改】面板中设置基本参数。

(4)　输入移动变换坐标。

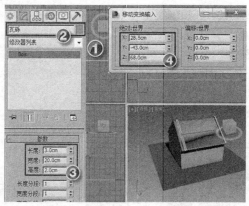

图2-61　创建瓦砾

10.　阵列瓦砾，如图 2-62 所示。

选中"瓦砾"对象，选择菜单命令【工具】/【阵列】，弹出【阵列】对话框，设置阵列参数后，阵列出一排瓦砾对象。

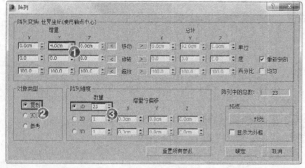

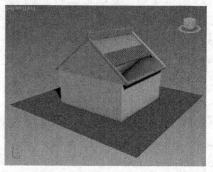

图2-62　阵列瓦砾

11. 复制瓦砾，如图 2-63 所示。

(1) 将参考坐标系切换成"局部"。

(2) 选中所有"瓦砾"对象，在透视图中按住 Shift 键和鼠标左键，沿 x 轴正向复制出一排瓦砾。

(3) 使用同样的方法沿 x 轴反向复制出一排瓦砾。

图2-63 复制瓦砾

要点提示 当选择的对象在场景中不易选取时，可按 H 键打开【从场景选择】对话框，根据对话框中的对象名称来选择。

12. 镜像复制对象，如图 2-64 所示。

(1) 将参考坐标系切换成"视图"，选中场景所有的"瓦砾"、"屋檐"、"房檐"对象。

(2) 选择菜单命令【工具】/【镜像】，弹出【镜像:世界 坐标】对话框，设置参数，复制出另一端的"瓦砾"、"屋檐"、"房檐"对象。

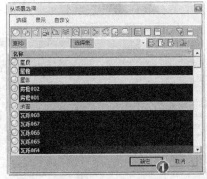 

图2-64 镜像复制对象

要点提示 在制作过程中，当几个对象在场景中合成表达一个物体时，可以视情况将其转化为一个组，选择菜单命令【组】/【组】，即可将其转化一个整体，从而方便选择和操作。

13. 创建枢轴门，如图 2-65 所示。

(1) 在【创建】面板的下拉列表中选择【门】选项，在【对象类型】卷展栏中单击 枢轴门 按钮。

(2) 在前视图中创建一个水平的"Pivot001"对象。

(3) 在【修改】面板中设置门的基本参数。

(4) 设置门框参数。

(5) 设置页扇参数。

(6)　设置旋转变换坐标。

(7)　设置移动变换坐标。

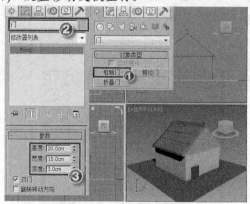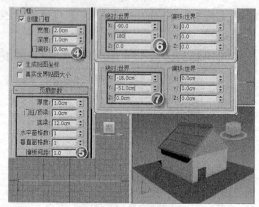

图2-65　创建枢轴门

14.　创建旋开窗，如图 2-66 所示。

(1)　在【创建】面板的下拉列表中选择【窗】选项，然后在【对象类型】卷展栏中单击
　　　 旋开窗 按钮。

(2)　在左视图中创建一个水平的 "PivotedWindow001" 对象，然后在【修改】面板中设置窗
　　　的基本参数。

(3)　设置移动变换坐标。

(4)　设置旋转变换坐标。

(5)　选择【局部】坐标系，选中 "PivotedWindow001" 对象，按住 Shift 键和鼠标左键，沿
　　　 y 轴复制出另一个 "PivotedWindow002" 对象。

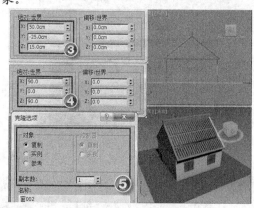

图2-66　创建旋开窗

15.　制作栅栏，如图 2-67 和图 2-68 所示。

(1)　在【创建】面板中单击 按钮，在【对象类型】卷展栏中单击 线 按钮。

(2)　在顶视图中绘制开口直线，组成线框。

(3)　在【创建】面板中选择【AEC 扩展】选项，然后单击 栏杆 按钮。

(4)　单击 拾取栏杆路径 按钮，然后选择已经创建的线框为路径。

(5)　设置栏杆参数。

(6)　设置立柱基本参数。

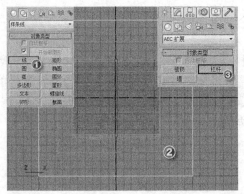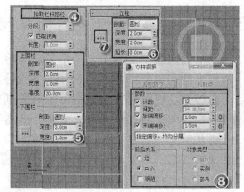

图2-67　制作栅栏1

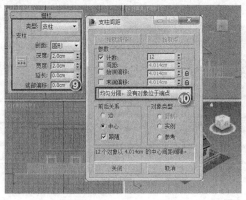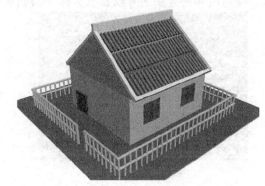

图2-68　制作栅栏2

(7)　单击 ⋯ 按钮。

(8)　设置立柱间距参数。

(9)　设置栅栏基本参数，然后单击 ⋯ 按钮。

(10) 设置支柱间距参数。

16.　创建植物，如图2-69所示。

(1)　在【创建】面板中选择【AEC扩展】选项，然后单击 植物 按钮。

(2)　在【收藏的植物】列表框中拖入一个自己喜欢的植物到场景中的适当位置。

(3)　在【修改】面板中设置植物参数。

图2-69　创建植物

至此，精美小屋效果制作完成。

2.3 知识拓展——使用自动栅格创建对象

用户在创建模型过程中，经常会遇到将一个对象创建在另一对象的表面上的情况，一般操作都是先创建对象，然后再使用对齐命令，这样的操作比较麻烦。3ds Max 2014 提供的【自动栅格】功能可以方便地把一个对象创建到其他对象的表面上，可以节省大量的时间。

1. 使用长方体工具创建一个长方体，如图 2-70 所示。
2. 使用自动栅格创建茶壶。
(1) 在【标准基本体】面板中单击 茶壶 按钮。
(2) 选中【自动栅格】复选项。
(3) 单击选中立方体上表面，按住鼠标左键并拖曳鼠标光标在桌面上创建一个茶壶。
(4) 使用同样的方法还可以在立方体侧面创建茶壶，如图 2-71 所示。

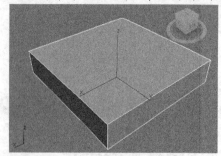

图2-70 创建长方体

图2-71 使用自动栅格创建茶壶

2.4 习题

1. 标准基本体有哪些类型，使用其建模有何特点？
2. 设置模型分段数时应注意什么问题？
3. 标准球体和几何球体在用法上有何不同？
4. 如何手动将两个物体的中心对齐？
5. 切角长方体在设计中有何用途？

第3章 修改器建模

【学习目标】
- 明确修改器的特点和用途。
- 掌握修改器堆栈的使用方法。
- 掌握常用修改器的功能和用法。
- 掌握使用修改器建模的基本技巧。

使用基本体创建的三维模型其形状相对单调，并不能满足实际造型的需要。现实生活中的物体大多具有漂亮的外观和多变的结构，这时可以通过在基本体上添加修改器的方法来对其形状进行调整，从而创建出丰富多彩的模型结构。

3.1 初步认识修改器

图 3-1 所示为日常生活中常见的物品，其形状与上一章介绍的圆柱、圆锥等基本体相仿，但又有显著区别。这时就需要通过对基本体添加修改器的方法来完成建模过程。

图3-1 修改器建模示例

3.1.1 基础知识——熟悉修改器堆栈的用法

简单地说，修改器就是"修改对象显示效果的工具"，通过选取修改器类型和设置修改器参数可以改变对象的外观，从而获得丰富的设计结果。

【修改】面板的顶部为【修改器】面板，主要由修改器列表、修改器堆栈、操作按钮和修改器参数 4 部分组成，如图 3-2 所示。

一、 修改器列表

修改器列表为一个下拉列表，其中包含了各种类型的修改器，如图 3-3 所示。

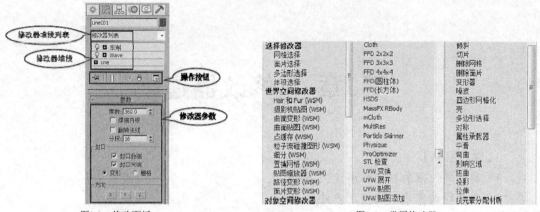

图3-2　修改面板　　　　　　　　　　　图3-3　常用修改器

二、　修改器堆栈

在 3ds Max 2014 中，每一个被创建物体的参数以及被修改的过程都会被记录下来，并按照操作顺序显示在修改堆栈中，修改器堆栈具有以下特点。

(1) 先执行的操作放置在最下方，后执行的放置在列表上方。

(2) 可以将任意数量的修改器应用到一个或多个对象上，删除修改器，对象的所有更改也将消失。

(3) 在修改命令面板中可以应用修改器堆栈来查看创建物体过程的记录，并可以对修改器堆栈进行各种操作。

(4) 拖动修改器在堆栈中的位置，可调整修改器的应用顺序（系统始终按由底到顶的顺序应用堆栈中的修改器），此时对象最终的修改效果将随之发生变化。

(5) 用鼠标右键单击堆栈中修改器的名称，通过弹出的快捷菜单可以剪切、复制、粘贴、删除或塌陷修改器。

单击修改器前面的 ⬩ 按钮可以关闭当前修改器，再次单击又可以重新启用；单击修改器前面的 ➕ 按钮可以关闭展开修改器的子层级，然后选择相应的层级进行操作。

三、　操作按钮

【修改】面板中的常用修改器操作按钮的功能如下。

(1) （锁定堆栈）：将堆栈锁定到当前选定对象，适用于保持已修改对象的堆栈不变的情况下变换其他对象。

(2) （显示最终结果开/关切换）：若此按钮为 （按下）状态，则视口中显示堆栈中所有修改器应用完毕后的设计效果，与当前在堆栈中选中的修改器无关；显示为 （弹起）状态时，则显示堆栈中选定修改器及其以下修改器的最新修改结果。

在图 3-4 中，立方体模型上依次添加了【拉伸】（Stretch，使对象轴向伸长）、【锥化】（Taper，使对象尺寸一端增大）、【扭曲】（Twist，使对象绕轴线旋转）和【弯曲】（Bend，使对象沿轴线弯曲）4 个修改器，借助 按钮可以依次查看各修改器组合应用后的效果。

图3-4　显示修改效果

(3) ▼（使唯一）：将实例化修改器转化为副本，其对于当前对象是唯一的。

(4) ⬚（从堆栈中移除修改器）：删除当前修改器，其应用效果随之消失。

(5) ▣（配置修改器集）：详细设置修改器配置参数。

四、 修改器参数

在该面板中将显示选中修改器的详细参数，通过设置这些参数来精细调整修改器的应用效果，不同的修改器，其参数的种类和数量并不一致。

3.1.2　范例解析——制作"酷爽冰激凌"

一个完整的冰激凌是由冰激凌、蛋筒和包装纸构成的，主要使用了【挤出】、【扭曲】和【锥化】等修改器来创建，最终效果如图 3-5 所示。

 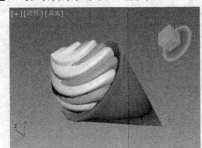 

图3-5　"酷爽冰激凌"最终效果

【设计思路】

- 使用【星形】工具绘制代表冰淇淋形状的二维轮廓线。
- 使用【挤出】修改器初步生成冰淇淋外形。
- 使用【扭曲】修改器完善冰淇淋形状。
- 使用【锥化】修改器完成整体轮廓创建。
- 使用【车削】修改器制作蛋筒。

【设计步骤】

1. 绘制外形曲线 1，如图 3-6 所示。

(1) 在【创建】面板中单击 ▭▭ 星形 ▭▭ 按钮，在顶视图中拖曳鼠标光标制作一个星形。

(2) 单击 按钮切换到【修改】面板，修改名称为"冰激凌01"，为模型设置适当的颜色。

(3) 设置【参数】卷展栏中的基本参数。

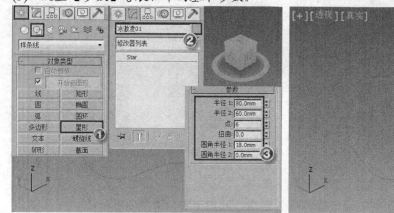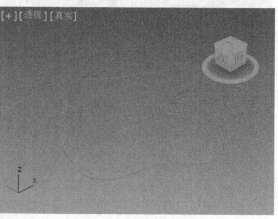

图3-6　绘制外形曲线1

要点提示　在 3ds Max 中，二维曲线是三维图形的建模基础，用途多样。二维曲线具体的绘制方法与技巧将在第4章详细讲述。

2.　绘制外形曲线2，如图 3-7 所示。

(1) 使用同步骤1同样的方法再制作一个星形，名为"冰激凌02"，设置对象颜色。

(2) 设置图形基本参数，【半径1】、【半径2】分别为"80"、"60"。

(3) 选中"冰淇淋2"，在工具栏中右键单击 按钮，设置星形旋转的角度【Z】为"30"。

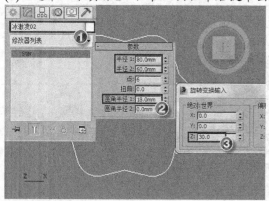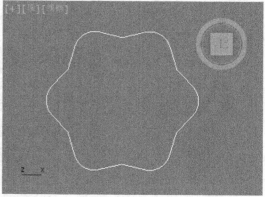

图3-7　绘制外形曲线2

3.　制作冰激凌外形1，如图 3-8 所示。

(1) 选中"冰激凌1"图形，【修改器】列表中选择【挤出】选项，为星形添加【挤出】修改器。

(2) 在【参数】卷展栏中设置基本参数。

(3) 选中挤出模型，然后为星形添加【扭曲】修改器。

(4) 在【参数】卷展栏中设置基本参数。

(5) 选中挤出模型，在【修改】面板中为星形添加【锥化】修改器。

(6) 在【参数】卷展栏中设置基本参数：【数量】为"–1.0"，【曲线】为"1.5"。

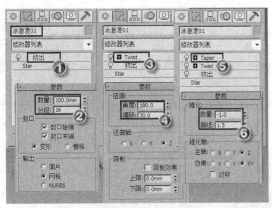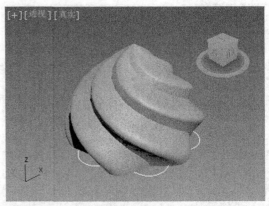

图3-8　制作冰激凌外形

在设置【挤出】修改器参数时，要注意【分段】值的设置，主要是让【扭曲】修改器能产生更理想的效果，设置参数值为"1"和设置参数值为"16"，锥化后的效果对比分别如图 3-9 和 3-10 所示。

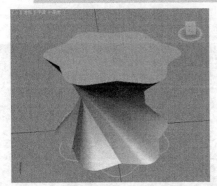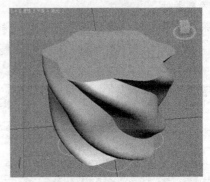

图3-9　设置参数值为"1"　　　　　　　　　　　　图3-10　设置参数值为"16"

4.　使用类似的方法制作冰激凌02，结果如图 3-11 所示。

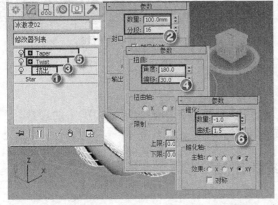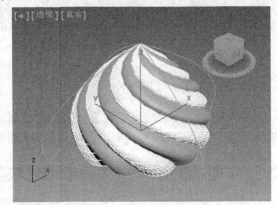

图3-11　制作冰激凌02

5.　移动冰激凌01，使两个冰激凌上下错开，如图 3-12 所示。

6.　绘制蛋筒截面，如图 3-13 所示。

(1)　单击【创建】面板上的 <u>　线　</u> 按钮，在前视图上绘制蛋筒粗略外形。

(2)　单击【修改】面板上的【顶点】按钮 ，在视图中调整蛋筒外形。

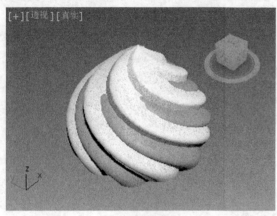

图3-12 移动冰激凌

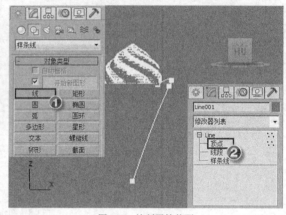

图3-13 绘制蛋筒截面

7. 制作蛋筒，如图 3-14 所示。

(1) 在【修改器】中选择【车削】选项，为样条线添加【车削】修改器。

(2) 在【参数】卷展栏中设置【车削】修改器参数。

8. 保存文件。

保存场景文件到指定目录，本案例制作完成，结果如图 3-15 所示。

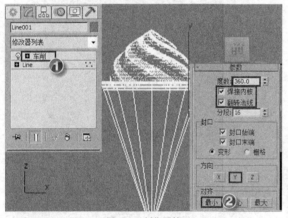

图3-14 制作蛋筒

图3-15 绘制蛋筒截面

3.2 使用常用修改器

3ds Max 为用户提供了数量众多的修改器，这些修改器具有不同的用途和丰富的参数，能实现强大的设计功能，能让模型实现细腻逼真的变形。

3.2.1 基础知识——熟悉常用修改器的用法

下面介绍 3ds Max 2014 中常用的修改器。

一、 【弯曲】修改器

【弯曲】修改器可以让物体发生弯曲形变，可以调节弯曲角度、方向以及弯曲坐标轴向，还可以将弯曲限定在一定范围内，其应用实例和主要参数分别如图 3-16 和图 3-17 所示。其主要参数用法如表 3-1 所示。

图3-16 使用【弯曲】修改器制作的楼梯

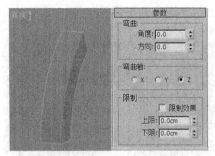

图3-17 【弯曲】修改器参数

表 3-1 【弯曲】修改器常用参数用法

参数		功能	示例
角度		设置弯曲角度大小	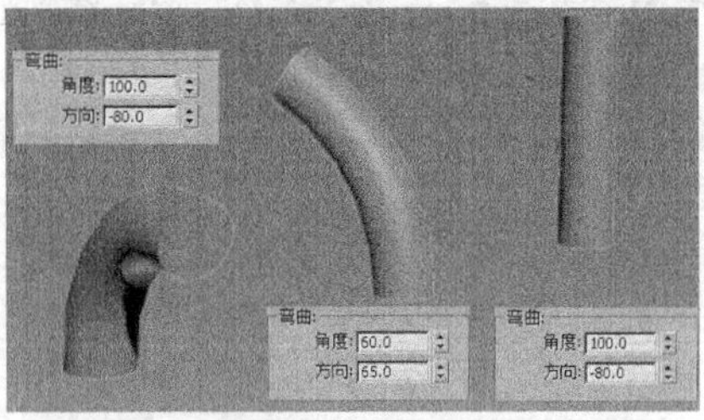 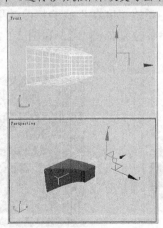
方向		调整弯曲变化的方向	
弯曲轴		设置弯曲的坐标轴向	
限制效果	上限	设置弯曲上限，在此限度以上的区域不会产生弯曲效果	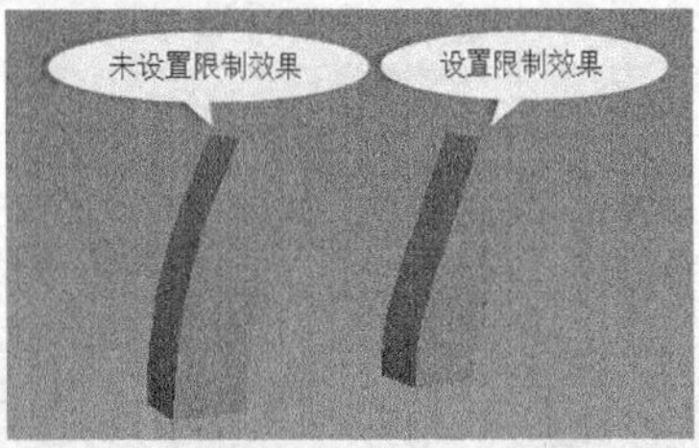
	下限	设置弯曲下限，在此限度与上限之间的区域都将会产生弯曲效果	

要点提示 【弯曲】修改器包括两个次层级：Gizmo 和中心。对 Gizmo 进行旋转、移动、缩放等变换操作来改变弯曲效果；对中心进行移动操作来改变弯曲中心点，如图 3-18 至图 3-20 所示。

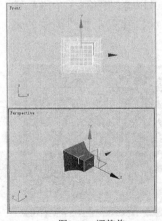

图3-18 调整前

图3-19 移动 Gizmo

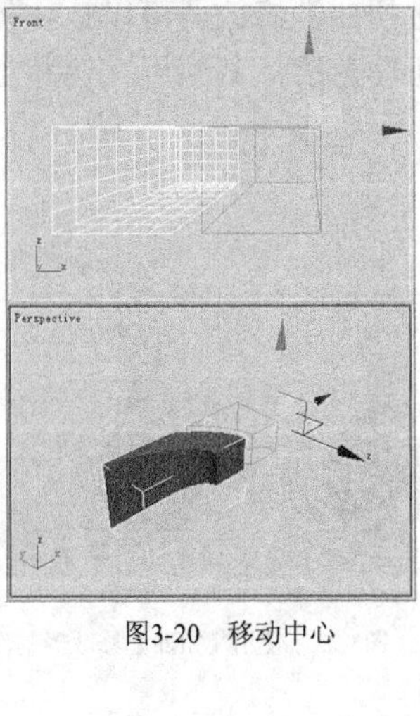

图3-20 移动中心

二、【锥化】修改器

【锥化】修改器可以缩小物体的两端，从而产生锥形轮廓，可以设置锥化曲线轮廓曲度以及倾斜度等来调整锥化效果，其应用实例和主要参数分别如图 3-21 和图 3-22 所示。其主要参数用法如表 3-2 所示。

图3-21 使用【锥化】修改器制作的台灯

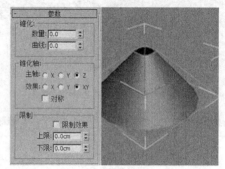

图3-22 【锥化】修改器参数

表 3-2 　　　　　　　　　　　　　　　　【锥化】修改器常用参数用法

参数		功能	示例
数量		设置锥化倾斜的程度	
曲线		设置锥化曲线的弯曲程度	
锥化轴		选择发生锥化的坐标轴向	
限制效果	上限	设置弯曲上限，在此限度以上的区域不会产生锥化效果	
	下限	设置弯曲下限，在此限度与上限之间的区域都将会产生锥化效果	

要点提示 数量是设置锥化倾斜程度，缩放扩展的末端，是一个相对值；曲线是设置锥化曲线的弯曲程度，正值会沿着锥化侧面产生向外的曲线，负值产生向内的曲线，值为 0 时，侧面不变。

三、【扭曲】修改器

【扭曲】修改器可以让物体产生类似"麻花"状的扭曲效果，可以分别控制 3 个坐标轴上的扭曲角度，其应用实例和主要参数分别如图 3-23 和图 3-24 所示。其主要参数用法如表 3-3 所示。

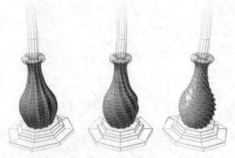

图3-23 使用【扭曲】修改器制作的花瓶

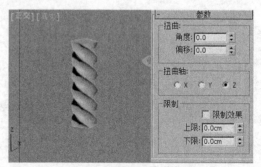

图3-24 【扭曲】修改器参数

表 3-3　　　　　　　　　　　　【扭曲】修改器常用参数用法

参数		功能	示例
角度		设置扭曲角度的大小	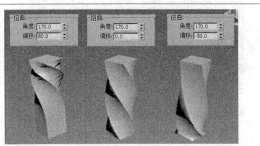
偏移		设置扭曲向上或向下的偏向度	
扭曲轴		选择发生扭曲的坐标轴向	
限制效果	上限	设置弯曲上限，在此限度以上的区域不会产生扭曲效果	
	下限	设置弯曲下限，在此限度与上限之间的区域都将会产生扭曲效果	

四、【拉伸】修改器

【拉伸】修改器可以让物体沿着拉伸轴向伸长，同时中部产生挤压变形的效果，与传统将物体拉长的效果类似，其应用实例和主要参数分别如图 3-25 和图 3-26 所示。其主要参数用法如表 3-4 所示。

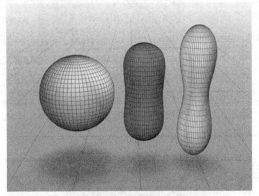

图3-25　【拉伸】修改器应用实例

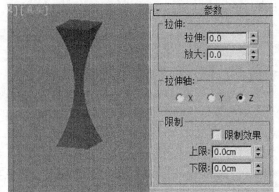

图3-26　【拉伸】修改器参数

表 3-4　　　　　　　　　　　　【拉伸】修改器常用参数用法

参数		功能	示例
拉伸	拉伸	设置拉伸的强度，其值越大，伸展效果越明显	
	放大	用于设置拉伸时模型中部扩大变形的程度	
拉伸轴		选择发生拉伸的坐标轴向	
限制效果	上限	设置弯曲上限，在此限度以上的区域不会产生拉伸效果	
	下限	设置弯曲下限，在此限度与上限之间的区域都将会产生拉伸效果	

五、【挤压】修改器

【挤压】修改器可以让物体产生挤压效果。挤压时，与轴点最接近的点向内移动，其应用实例和主要参数分别如图 3-27 和图 3-28 所示。其主要参数用法如表 3-5 所示。

图3-27　【挤压】修改器应用实例

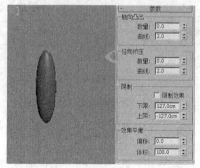

图3-28　【挤压】修改器参数

表 3-5　　　　　　　　　　　【挤压】修改器常用参数用法

参数		功能	示例
轴向凸出	数量	控制凸起效果，数量越多时，效果越显著，并能使末端向外弯曲	
	曲线	设置凸起末端的曲率大小	
径向挤压	数量	大于 0 时将压缩对象中部；小于 0 时中部外凸。其值越大，效果越显著	
	曲线	其值较小时，挤压效果尖锐；其值较大时，挤压效果平缓	
限制效果	上限	设置弯曲上限，在此限度以上的区域不会产生挤压效果	
	下限	设置弯曲下限，在此限度与上限之间的区域都将会产生挤压效果	
效果平衡	偏移	保留对象恒定体积的前提，来更改凸起与挤压的相对数量	
	体积	增大或减小"挤压"或"凸起"效果	

六、【倾斜】修改器

【倾斜】修改器可以让物体发生均匀的偏移，产生倾斜效果，其应用实例和主要参数分别如图 3-29 和图 3-30 所示。其主要参数用法如表 3-6 所示。

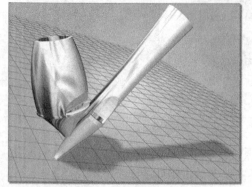

图3-29　【倾斜】修改器应用实例

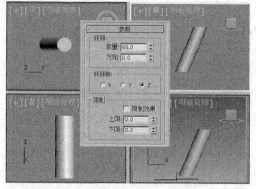

图3-30　【倾斜】修改器参数

表 3-6 【倾斜】修改器常用参数用法

参数		功能	示例
数量		设置倾斜程度的大小	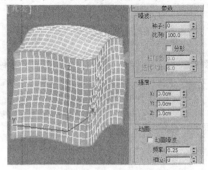
方向		设置倾斜产生的方向	
倾斜轴		选择发生倾斜的坐标轴向	
限制效果	上限	设置弯曲上限，在此限度以上的区域不会产生倾斜效果	
	下限	设置弯曲下限，在此限度与上限之间的区域都将会产生倾斜效果	

七、【噪波】修改器

【噪波】修改器可以让物体产生凹凸不平的效果，可以用来制作山地或表面不光滑的物体，其应用实例和主要参数分别如图 3-31 和图 3-32 所示。其主要参数用法如表 3-7 所示。

图3-31 使用【噪波】修改器制作的山地

图3-32 【噪波】修改器参数

表 3-7 【噪波】修改器常用参数用法

参数		功能	示例
噪波	种子	设置一个随机起始点，种子不同，凹凸效果发生的位置和效果不同	
	比例	设置噪波影响（非强度）的大小。其值较大时，噪波较平滑；其值较小时，噪波较尖锐	
	分形	选中后产生分形效果，形成更加细小和显著的噪波	
	粗糙度	设置分形变化的程度，其值越低，效果越精细	
	迭代次数	迭代次数较少时，分形效果不明显，噪波效果越平滑	
强度		设置强度后才会产生噪波效果，可以在 x、y 和 z 等 3 个方向设置强度	
动画	动画噪波	调节【噪波】和【强度】参数的组合效果	
	频率	设置噪波的速度，频率越高，噪波振动越快；频率越低，噪波越平滑、温和	
	相位	设置波形的起始点和结束点	

八、 【波浪】修改器

　　【波浪】修改器可以使物体产生波浪的效果，其应用实例和主要参数分别如图 3-33 和图 3-34 所示。其主要参数用法如表 3-8 所示。

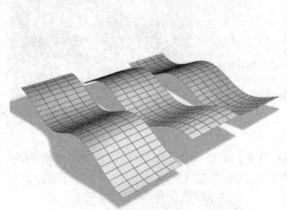

图3-33　【波浪】修改器应用实例

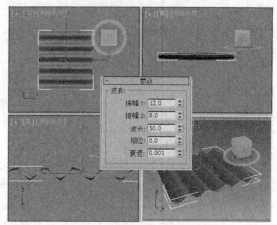

图3-34　【波浪】修改器参数

表 3-8　　　　　　　　　　　　　　　　　【波浪】修改器常用参数用法

参数	功能	示例
振幅 1	设置在 y 轴方向产生波浪的幅度大小	
振幅 2	设置在 x 轴方向产生波浪的幅度大小	
波长	两个波峰之间的距离	
相位	主要用于动画制作时变换波浪产生的位置，以便产生波浪移动效果	
衰退	控制波浪随距离衰减的效果	衰退：0.001　　衰退：0.01　　衰退：0.1

　　要点提示　对修改器进行操作时通常都要占据内存。为了节约内存，可以在修改器堆栈中对选定修改器进行"塌陷"操作：在其上单击鼠标右键，在弹出的快捷菜单中选取【塌陷到】命令，可以塌陷当前修改器以及其下的修改器；若选取【塌陷全部】命令，则可以塌陷堆栈中所有修改器。塌陷操作通常在模型修改完毕不再需要继续调整时进行。塌陷操作后，物体将转换为多边形物体或网格物体，在稍后的章节中将详细介绍这类物体的编辑方法。

九、 【FFD】修改器

　　【FFD】修改器的作用是使用晶格包围选中的对象，通过调整晶格的控制点，可以改变封闭几何体的形状，其应用实例和主要参数分别如图 3-35 和图 3-36 所示。其各项参数的功能如表 3-9 所示。

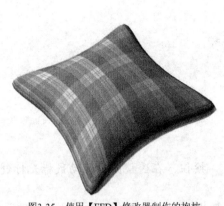

图3-35　使用【FFD】修改器制作的抱枕

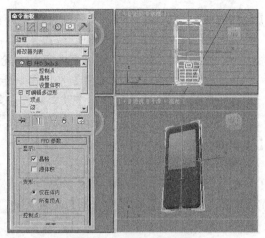

图3-36　【FFD】修改器参数

【FFD】修改器根据控制点的不同可分为【FFD 2×2×2】、【FFD 3×3×3】和【FFD 4×4×4】3种形式，而根据形状的不同又可分为【FFD(长方体)】和【FFD(圆柱体)】两种形式。

表 3-9　　　　　　　　　　　　常用的【FFD】修改器参数

参数	作用
设置点数	单击该按钮，将弹出【设置 FFD 尺寸】对话框，在该对话框中可以设置 FFD 晶格在长度、宽度和高度上的点数
晶格	选择该复选项，将显示晶格的线框，否则只显示控制点
源体积	选择该复选项，调整控制点时只改变物体的形状，不改变晶格的形状
仅在体内	选择该单选项，只有位于 FFD 晶格内的部分才会受到变形影响
所有顶点	选择该单选项，对象的所有顶点都受到变形影响，不管它们位于 FFD 晶格的内部还是外部
张力	调整 FFD 变形样条线的张长
连续性	调整 FFD 变形样条线的连续性
选择	该选项组中有 3 个按钮，单击任意一个按钮，可沿着由该按钮指定的轴向选择所有的控制点。也可以同时打开两个按钮，这时可以选择两个轴向上的所有控制点

3.2.2　范例解析——制作"卡通企鹅"

修改器的作用非常强大，它可以将基本模型按照一定的修改方式将其修改为任意的模型。本实例将利用修改器调整模型形状，来制作一只"卡通企鹅"模型，最终效果如图 3-37 所示。

图3-37　"卡通企鹅"设计效果

【设计思路】

- 使用【拉伸】修改器创建企鹅躯体。
- 使用基本几何体搭建企鹅头部基本轮廓。
- 使用【拉伸】和【弯曲】修改器制作企鹅长嘴。
- 使用【FFD 3×3×3】修改器制作企鹅翅膀。
- 使用【FFD 2×2×2】修改器制作企鹅尾巴。

【步骤提示】

1. 制作企鹅躯体部分。

(1) 创建企鹅基本体，如图 3-38 所示。

① 单击【创建】/【标准基本体】面板上的　　球体　　按钮，在透视图上拖动鼠标光标创建一个球体。

② 在【修改】面板的【参数】卷展栏中设置【半径】为 "90"，【分段】为 "48"。

(2) 添加【拉伸】修改器，如图 3-39 所示。

① 在【修改器列表】中选择【拉伸】命令，为球体添加【拉伸】修改器。

② 在【参数】卷展栏中设置【拉伸】/【拉伸】为 "1"，【放大】为 "-3"。

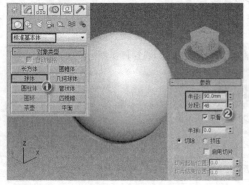
图3-38　创建基本体

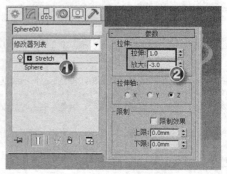
图3-39　添加【拉伸】修改器

(3) 添加【弯曲】修改器，如图 3-40 所示。

① 在【修改器列表】中选择【弯曲】命令，为球体添加【弯曲】修改器。

② 在【参数】卷展栏中设置【弯曲】/【角度】为 "150"，【方向】为 "-90"。

③ 在【限制】分组框中选择【限制效果】复选项，并设置【上限】为 "0"，【下限】为 "-500"。

(4) 添加【拉伸】修改器，如图 3-41 所示。

① 在【修改器列表】中选择【拉伸】命令，为球体添加【拉伸】修改器。

② 在【参数】卷展栏中设置【拉伸】/【拉伸】为 "-1"，【放大】为 "-20"。

③ 在【工具栏】面板上单击✛按钮，在【状态栏】面板上设置球体的坐标【X】为 "0"，【Y】为 "0"，【Z】为 "0"。

> 要点提示　3ds Max 2014 为用户提供了两种设置物体坐标位置的方法：一种是选中物体后在【工具栏】面板上右键单击✛按钮，弹出【移动变换输入】对话框，设置物体的坐标；另一种是选中物体后，在【工具栏】面板上单击✛按钮，然后在界面底部的【状态栏】面板上设置物体的坐标，如图3-41 右下角所示。

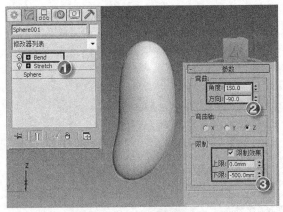

图3-40 添加【弯曲】修改器

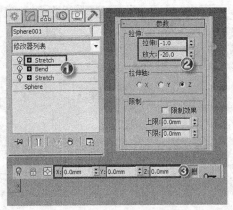

图3-41 添加【拉伸】修改器

2. 制作企鹅头部，如图 3-42 所示。

(1) 在前视图中创建一个球体。

(2) 在【修改】面板的【参数】卷展栏中设置【半径】为"65"，【分段】为"48"。

(3) 在【状态栏】面板设置球体的坐标【X】为"0"，【Y】为"0"，【Z】为"110"。

3. 制作眼睛。

(1) 制作眼睛轮廓，如图 3-43 所示。

① 在前视图中创建一个球体。

② 在【修改】面板的【参数】卷展栏中设置【半径】为"18"，【分段】为"48"。

③ 在【状态栏】面板中设置球体的坐标【X】为"–20"，【Y】为"–40"，【Z】为"160"。

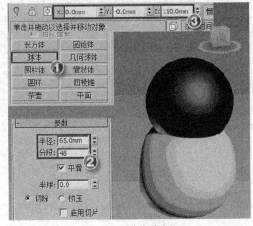

图3-42 制作企鹅头部

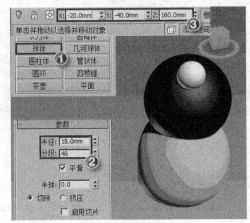

图3-43 制作眼睛轮廓

(2) 复制眼睛轮廓，如图 3-44 所示。

① 在前视图中选中眼睛轮廓，按住 Shift 键向右移动鼠标光标，释放鼠标弹出【克隆选项】对话框，在【对象】分组框中选择【实例】单选项，设置【副本数】为"1"，单击 确定 按钮复制一个眼睛轮廓。

② 在【状态栏】面板中设置对象的坐标【X】为"15"，【Y】为"–40"，【Z】为"160"。

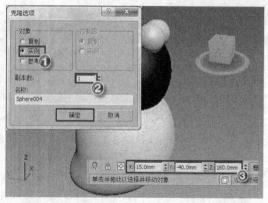
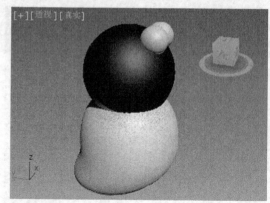

图3-44 复制眼睛轮廓

(3) 制作眼球,如图 3-45 所示。

① 在前视图中创建一个球体。

② 在【修改】面板中的【参数】卷展栏中设置【半径】为"5",【分段】为"48"。

③ 在【状态栏】面板中设置球体的坐标【X】为"-20",【Y】为"-55",【Z】为"170"。

④ 复制一个眼球,并设置坐标【X】为"15",【Y】为"-55",【Z】为"170"。

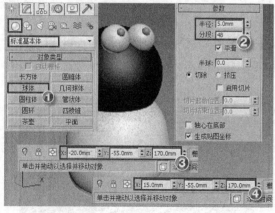

图3-45 制作眼球

4. 制作长嘴。

(1) 创建球体,如图 3-46 所示。

① 在前视图中创建一个球体。

② 在【修改】面板的【参数】卷展栏中设置【半径】为"45",【分段】为"48",【半球】为"0.5"。

> **要点提示** 设置【半球】的值为"0.5",即可创建半球。

(2) 添加【拉伸】修改器,如图 3-47 所示。

① 在【修改器列表】中选择【拉伸】命令,为半球添加【拉伸】修改器。

② 在【参数】卷展栏中设置【拉伸】/【拉伸】为"3.5",【放大】为"-60"。

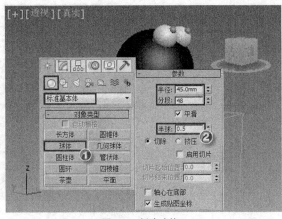

图3-46　创建球体

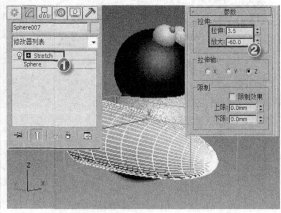

图3-47　添加【拉伸】修改器

(3)　添加【弯曲】修改器，如图 3-48 所示。

①　在【修改器列表】中选择【弯曲】命令，为球体添加【弯曲】修改器。

②　在【参数】卷展栏中设置【弯曲】/【角度】为"−60"，【方向】为"−90"。

(4)　调整弯曲效果，如图 3-49 所示。

①　展开【弯曲】修改器，选择【中心】选项。

②　在左视图中向右移动【弯曲】修改的中心轴，使其弯曲更加自然。

③　在【状态栏】面板中设置球体的坐标【X】为"0"，【Y】为"−30"，【Z】为"120"。

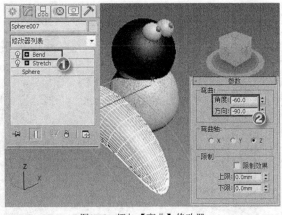

图3-48　添加【弯曲】修改器

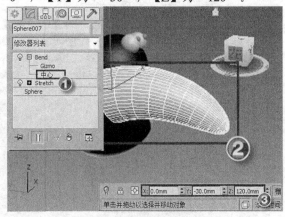

图3-49　调整弯曲效果

5.　制作脚。

(1)　创建球体，如图 3-50 所示。

①　在前视图中创建一个球体。

②　在【修改】面板中的【参数】卷展栏中设置【半径】为"75"，【分段】为"48"。

(2)　缩放球体，如图 3-51 所示。

选中创建的球体，在工具栏中右键单击 按钮，弹出【缩放变换输入】对话框，设置【绝对:局部】/【X】为"50"，【Y】为"20"。

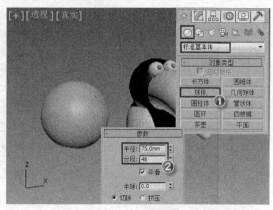

图3-50 创建球体

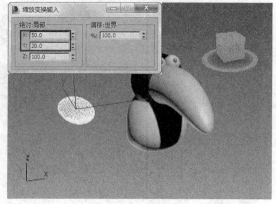

图3-51 缩放球体

(3) 设置脚的位置,如图 3-52 所示。

① 在工具栏中右键单击 🔘 按钮,弹出【旋转变换输入】对话框,设置【绝对:世界】/【Z】为 "-10"。

② 在坐标栏中设置球体的坐标【X】为 "-45",【Y】为 "0",【Z】为 "-70"。

(4) 复制脚,如图 3-53 所示。

① 在工具栏中左键单击 🔁 按钮,弹出【镜像:世界 坐标】对话框,在【镜像轴】分组框中选择【X】单选项,在【克隆当前选择】分组框中选择【复制】单选项,单击 确定 按钮,完成复制。

② 在【状态栏】面板中设置复制对象的坐标【X】为 "45",【Y】为 "0",【Z】为 "-70"。

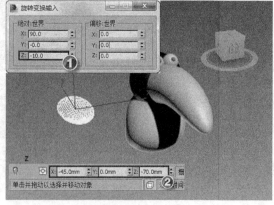

图3-52 设置脚的位置

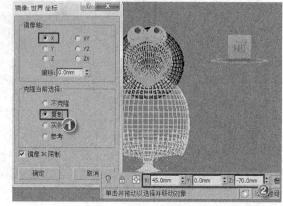

图3-53 复制脚

6. 创建翅膀。

(1) 创建球体,如图 3-54 所示。

① 在前视图中创建一个球体。

② 在【修改】面板中的【参数】卷展栏中设置【半径】为 "50",【分段】为 "48"。

(2) 添加【FFD 3×3×3】修改器,如图 3-55 所示。

① 在【修改器列表】中选择【FFD 3×3×3】命令,添加【FFD 3×3×3】修改器。

② 展开【FFD 3×3×3】修改器,单击选择【控制点】选项。

③ 在顶视图中依次框选最左端和最右端的控制点,然后向中间的控制点移动。

④ 在左视图中依次框选左下端的控制点,然后调整其形状接近翅膀状。

图3-54 创建球体

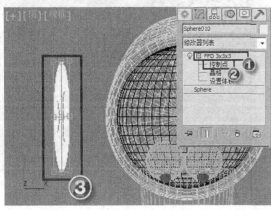

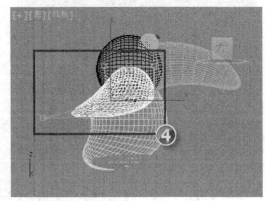

图3-55 添加【FFD 3×3×3】修改器

(3) 镜像复制翅膀，如图 3-56 所示。

① 退出【控制点】子对象层级，在【状态栏】面板设置翅膀坐标【X】为 "–75"，【Y】为 "5"，【Z】为 "10"。

② 在工具栏中左键单击 按钮，弹出【镜像:世界 坐标】对话框，在【镜像轴】分组框中选择【X】单选项，在【克隆当前选择】分组框中选择【复制】单选项，单击 确定 按钮，完成复制。

③ 在【状态栏】面板中设置复制对象的坐标【X】为 "75"，【Y】为 "5"，【Z】为 "10"。

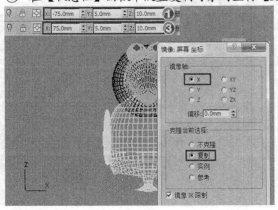

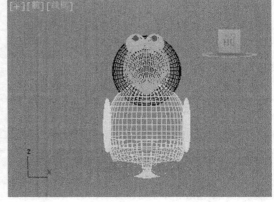

图3-56 镜像复制翅膀

7.　创建尾巴。

(1)　创建球体，如图 3-57 所示。

①　在前视图中创建一个球体。

②　在【修改】面板中的【参数】卷展栏中设置【半径】为"60"，【分段】为"48"。

(2)　添加【拉伸】修改器，如图 3-58 所示。

①　在【修改器列表】中选择【拉伸】命令，为球体添加【拉伸】修改器。

②　在【参数】卷展栏中设置【拉伸】/【拉伸】为"1"，【放大】为"1"。

③　展开【拉伸】修改器，进入【中心】子对象层级。

④　在左视图将弯曲的中心轴向右移动，使对象从左到右逐渐变小。

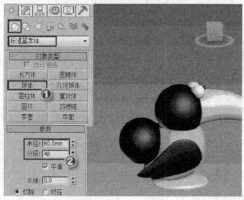

图3-57　创建球体

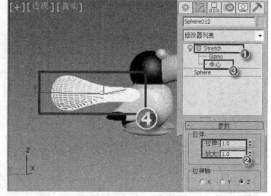

图3-58　添加【拉伸】修改器

(3)　添加【FFD 2×2×2】修改器，如图 3-59 所示。

①　在【修改器列表】中选择【FFD 2×2×2】命令，为尾巴添加【FFD 2×2×2】修改器。

②　展开【FFD 2×2×2】修改器，单击选择【控制点】选项。

③　在左视图中依次框选上端和下端的控制点，然后向中间移动。

(4)　旋转尾巴，如图 3-60 所示。

①　选中场景中的尾巴，在工具栏中右键单击 ⟳ 按钮，弹出【旋转变换输入】对话框，设置【绝对:世界】/【X】为"160"。

②　在坐标栏中设置对象的坐标【X】为"–5"，【Y】为"100"，【Z】为"30"。

8.　设置企鹅各部分的颜色，至此，"卡通企鹅"模型设计完成。

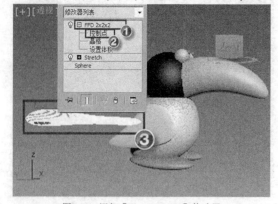

图3-59　添加【FFD 2×2×2】修改器

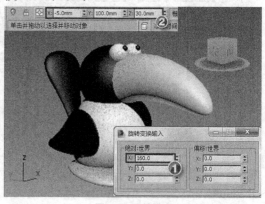

图3-60　旋转尾巴

3.3　知识拓展——使用网格操作修改器制作足球

网格操作修改器可以对物体的表面进行编辑和修改，下面介绍使用编辑网格、网格平滑以及球形化等命令来制作足球的方法。

1. 用【扩展基本体】中的【异面体】工具在前视图中画一个【半径】为"100"的"十二面体"，将【系列参数】展卷栏中的【P】设置为"0.36"。如图3-61所示。

2. 选中"异面体"对象，为其添加【编辑网格】修改器，进入【多边形】层级，然后选中全部多边形，此时整个异面体变为红色，如图3-62所示。

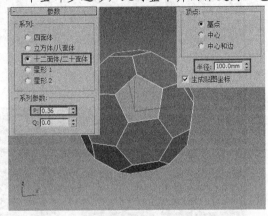

图3-61　创建异面体

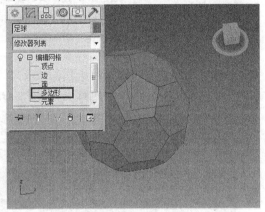

图3-62　选中全部多边形

3. 在【编辑几何体】卷展栏中单击 炸开 按钮，在弹出的【炸开】对话框中单击 确定 按钮炸开各个面，以便后续对每个面进行"挤出"和"倒角"操作，如图3-63所示。

4. 选中"异面体"对象，为其添加【编辑网格】修改器，进入【多边形】层级，选中全部多边形，此时整个异面体变为红色。在【编辑几何体】卷展栏中的【挤出】栏中输入"20"，单击 挤出 按钮挤出图形。继续在【挤出】栏中输入"5"，单击 挤出 按钮再次挤出图形，如图3-64所示。

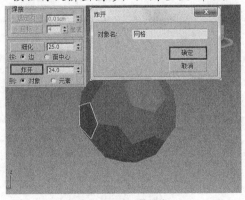

图3-63　炸开异面体

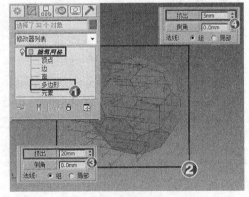

图3-64　挤出对象

5. 再次选中"异面体"对象，为其添加【网格平滑】修改器，设置【细分方法】为【四边形输出】，结果如图3-65所示。

6. 继续为"异面体"对象添加【球形化】修改器，使"足球"产生一个更为光滑的效果，如图3-66所示。

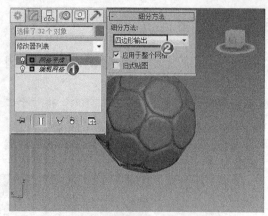

图3-65 添加【网格平滑】修改器

图3-66 添加【球形化】修改器

7. 根据需要重复步骤 4 的操作，使足球表面轮廓更加分明，如图 3-67 所示。

8. 为 "足球" 添加必要的材质，加上灯光等，结果如图 3-68 所示。

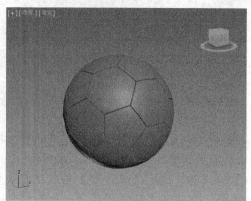

图3-67 完善设计

图3-68 参考效果

3.4 习题

1. 在 3ds Max 2014 中，修改器主要有什么功能？

2. 什么是修改器堆栈，有何用途？

3. 可以对一个对象使用多个修改器吗？

4. 为对象添加修改器的顺序不同，其结果会有区别吗？

5. 使用修改器建模时，如何合理确定模型的分段数？

第4章 二维建模

【学习目标】
- 明确二维图形的特点和用途。
- 掌握常用二维图形的创建方法。
- 明确常见二维修改器的功能和用法。
- 总结二维建模的一般技巧。

二维图形是指由点、线和圆弧等组成的平面图形，二维建模是指利用二维图形生成三维模型的建模方法。二维建模是 3ds Max 2014 中的重要建模手段，不但拓展了软件的建模功能，还使三维设计更加多样化、灵活化。

4.1 创建二维图形

二维建模的主要流程：创建二维图形→编辑二维图形→将其转换为三维模型，如图 4-1 所示。因此，二维图形的创建和编辑是三维建模的基础。

创建基本二维图　　　　编辑二维图形　　　　添加命令生成三维模型

图4-1 二维建模到三维建模的流程

4.1.1 基础知识——二维图形的创建和应用

二维图形的创建是通过图形创建面板来完成的，如图 4-2 所示。使用面板上的工具按钮创建出来的对象都可以称为二维图形。

一、二维图形的类型

3ds Max 2014 为用户提供的图形有基本二维图形和扩展二维图形两类。

(1) 基本二维图形。

基本二维图形是指一些几何形状图形对象，包括线、矩形、圆、椭圆、弧、圆环、多边形、星形、文本、螺旋线、卵形和截面 12 种对象类型，如图 4-3 所示。

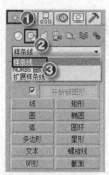

图4-2 图形创建面板

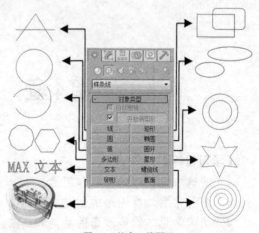

图4-3 基本二维图形

(2) 扩展二维图形。

扩展二维图形是对基本二维图形的一种补充，包括 NURBS 曲线和扩展样条线两类，如图 4-4 和图 4-5 所示。

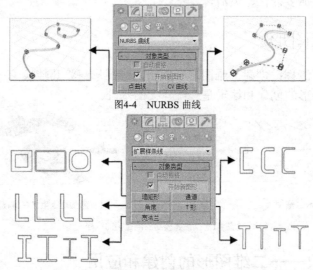

图4-4 NURBS 曲线

图4-5 扩展样条线

二、 二维图形的应用

二维图形在 3ds Max 2014 中的应用主要有以下 4 个方面。

(1) 作为平面和线条物体。

对于封闭图形，可以添加【编辑网格】修改器将其变为无厚度的薄片物体，用作地面、文字图案和广告牌等，如图 4-6 所示，还可以对其进行点面设置，产生曲面造型。

图4-6 添加【编辑网格】修改器制作广告牌

(2) 作为【挤出】、【车削】和【倒角】等修改器加工成型的截面图形。

- 【挤出】修改器可以将图形增加厚度，产生三维框，如图4-7（a）所示。

- 【车削】修改器可以将曲线进行中心旋转放样，产生三维模型，如图 4-7（b）所示。

- 【倒角】修改器可以将二维图形进行挤出成型的同时在边界上加入线性或弧形倒角，从而创建带倒角的三维模型，如图4-7（c）所示。

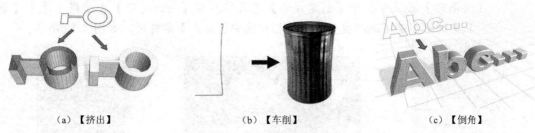

| (a)【挤出】 | (b)【车削】 | (c)【倒角】 |

图4-7 应用修改器的前后效果

(3) 作为放样功能的截面和路径。

在放样过程中，图形可以作为路径和截面图形来完成放样造型，如图 4-8 所示。

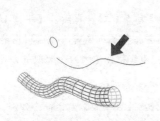
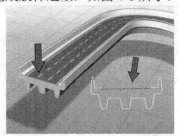

图4-8 放样造型

(4) 作为摄影机或物体运动的路径。

图形可以作为物体运动时的运动轨迹，使物体沿着线形进行运动，如图 4-9 所示。

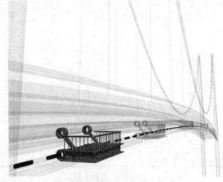

图4-9 路径约束动画效果

三、 二维图形的创建方法

二维图形的创建方法和基本体的创建方法相似，都是通过鼠标左键的操作来进行的。下面介绍 3 种典型的二维图形的创建方法，其他类型可以此类推。

(1) 创建线。

线条是通过　　　线　　　工具绘制而成的，其创建步骤如下。

① 单击 ✤ 按钮，切换到【创建】面板，单击 ⚙ 按钮，切换到【图形】面板，单击　　　线　　　按钮，即可选中【线】工具，如图4-10所示。

② 在视口中单击鼠标左键创建线条的第 1 个顶点，单击鼠标左键创建第 2 个顶点，再单击鼠标左键创建第 3 个顶点甚至更多点，最后单击鼠标右键即可结束样条线的创建，如图4-11所示。

③ 在【图形】面板中展开【创建方法】卷展栏。在【初始类型】分组框中选中【角点】单选项，在【拖动类型】分组框中选中【角点】单选项，如图4-12所示。

图4-10 图形创建面板

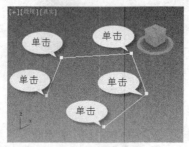

图4-11 绘制直线

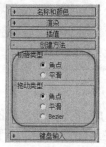

图4-12 展开【创建方法】卷展栏

【初始类型】分组框主要用于设置线条类型，例如：【角点】对应直线，【平滑】对应曲线，如图 4-13 所示。【拖动类型】分组框主要是单击并按住鼠标左键拖曳时引出的曲线类型，包括【角点】、【平滑】和【Bezier】3 种。Bezier 曲线是最优秀的曲度调节方式，它通过两个手柄来调节曲线的弯曲。

在绘制线条时，当线条的终点与起始点重合时，系统会弹出【样条线】对话框，如图 4-14 所示。单击　是(Y)　按钮即可创建一个封闭的图形。如果单击　否(N)　按钮，则继续创建线条。在绘制样条线时，按住 Shift 键可绘制直线。

（a）选择【角点】单选项

（b）选择【平滑】单选项

图4-13 设置不同参数的绘制效果

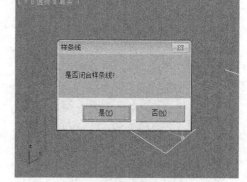

图4-14 【样条线】对话框

(2) 创建矩形。

矩形是通过　　矩形　　工具绘制而成的，其创建步骤如下。

① 单击 ✤ 按钮切换到【创建】面板。单击 ⚙ 按钮切换到【图形】面板。单击　　矩形　　按钮，即可选中【矩形】工具。

② 在场景中按住鼠标左键并拖曳鼠标光标，即可创建矩形，如图 4-15 所示。

③ 单击选中场景中的矩形，单击 按钮切换到【修改】面板。在【参数】卷展栏中设置【长度】为 "150"，【宽度】为 "200"，【角半径】为 "20"，效果如图 4-16 所示。

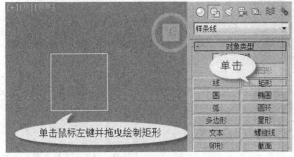

图4-15　创建矩形

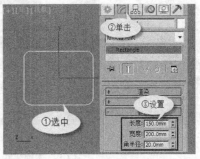

图4-16　设置矩形参数

(3) 创建二维复合图形。

使用二维图形工具按钮创建的图形默认情况下是相互独立的，在建模过程经常会遇到用一些基本的二维图形来组合创建曲线，然后进行一系列相应操作来满足用户的要求，此时就需要创建二维复合图形，其创建步骤如下。

① 单击 按钮切换到【创建】面板，单击 按钮切换到【图形】面板。

② 在【对象类型】卷展栏中取消对【开始新图形】复选项的选中状态。

③ 在场景中绘制多个图形，此时绘制的图形会成为一个整体，它们共用一个轴心点，如图 4-17 所示。

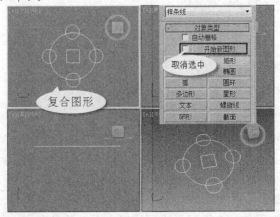

图4-17　创建复合图形

> **要点提示**　当需要重新创建独立图形时，需要重新选中【开始新图形】复选项。复合图形的线条通常具有相同的颜色，这是区分复合图形与其他独立图形最简易的方法。

四、常用二维修改器用法

下面介绍 3 种常用二维修改器的用法。

(1) 【车削】修改器。

【车削】修改器可以通过旋转二维图形产生三维模型，其效果如图 4-18 所示。

将修改器堆栈中的【车削】修改器展开后，在【轴】层级上可以进行变换和设置绕轴旋转动画，同时，也可以通过调整车削参数改变造型外观，如图 4-19 所示。

二维图形

添加【车削】修改器

图4-18　车削效果

图4-19　【车削】修改器

在【参数】卷展栏中，可以设置【度数】、【封口】、【方向】、【对齐】等参数，常用的命令及功能如表 4-1 所示。

表 4-1　　　　　　　　　　　　【车削】修改器中常用的命令及功能

参数	功能
度数	设置旋转成型的角度，360°为一个完整环形，小于 360°为不完整的扇形
焊接内核	将中心轴向上重合的点进行焊接精减，以得到结构相对简单的造型，如果要作为变形物体，就不能选择此复选项
翻转法线	将造型表面的法线方向反转
分段	设置旋转圆周上的片段划分数，值越高，造型越光滑
封口始端	将顶端加面覆盖
封口末端	将底端加面覆盖
变形	不进行面的精简计算，以便用于变形动画的制作
栅格	进行面的精简计算，不能用于变形动画的制作
方向	设置旋转中心轴的方向。【X】、【Y】、【Z】分别用于设置不同的轴向
对齐	设置图形与中心轴的对齐方式。【最小】是将曲线内边界与中心轴对齐； 【中心】是将曲线中心与中心轴对齐，【最大】是将曲线外边界与中心轴对齐

(2)　【倒角】修改器。

【倒角】修改器的作用是对二维图形进行挤出成形，并且在挤出的同时，在边界上加入线性或弧形倒角，主要用于对二维图形进行三维化操作，如图 4-20 所示。

二维图形

添加【倒角】修改器

图4-20　倒角效果

【倒角】修改器包含【参数】和【倒角值】两个卷展栏，如图 4-21 所示。

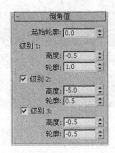

图4-21 【倒角】修改器

【倒角】修改器中命令的详细情况如表 4-2 所示。

表 4-2 　　　　　　　　　　　　【倒角】修改器中常用的命令及功能

参数	功能
封口	对造型两端进行加盖控制，如果两端都加盖处理，则为封闭实体
始端	将开始截面封顶加盖
末端	将结束截面封顶加盖
封口类型	设置顶端表面的构成类型
变形	不处理表面，以便进行变形操作，制作变形动画
栅格	进行线面网格处理，它产生的渲染效果要优于【变形】方式
曲面	控制侧面的曲率、光滑度以及指定贴图坐标
线性侧面	设置倒角内部片段划分为直线方式
曲线侧面	设置倒角内部片段划分为弧形方式
分段	设置倒角内部片段划分数，多的片段划分主要用于弧形倒角
级间平滑	控制是否将平滑组应用于倒角对象侧面。封口会使用与侧面不同的平滑组。启用此项后，对侧面应用平滑组，侧面显示为弧状。禁用此项后不应用平滑组，侧面显示为平面倒角
避免线相交	对倒角进行处理，但总保持顶盖不被光滑处理，防止轮廓彼此相交。它通过在轮廓中插入额外的顶点并用一条平直的线覆盖锐角来实现
分离	设置边之间所保持的距离。最小值为“0.01”
起始轮廓	设置原始图形的外轮廓大小，如果它为“0”时，将以原始图形为基准，进行倒角制作
级别 1/2/3	分别设置 3 个级别的【高度】和【轮廓】大小

(3) 【挤出】修改器。

【挤出】修改器的作用是将一个二维图形挤出一定的厚度，使其成为三维物体，使用该命令的前提是制作的造型必须由上到下具有一致的形状，如图 4-22 所示。

【挤出】修改器的【参数】卷展栏中包括如图 4-23 所示的数量、分段等命令，常用的命令及功能如表 4-3 所示。

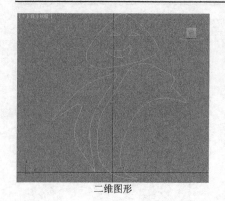
二维图形

添加【挤出】修改器

图4-22　挤出效果

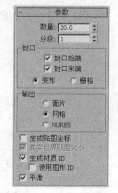
图4-23　【参数】卷展栏

表 4-3　　　　　　　　　　　　　　　【挤出】修改器中常用的命令及功能

参数	功能
数量	设置挤出的深度
分段	设置挤出厚度上的片段划分数
封口始端	在顶端加面封盖物体
封口末端	在底端加面封盖物体
变形	用于变形动画的制作，保证点面恒定不变
栅格	对边界线进行重排列处理，以最精简的点面数来获取优秀的造型
面片	将挤出物体输出为面片模型，可以使用【编辑面片】修改器
网格	将挤出物体输出为网格模型
NURBS	将挤出物体输出为 NURBS 模型
生成材质 ID	对顶盖指定 ID 号为"1"，对底盖指定 ID 号为"2"，对侧面指定 ID 号为"3"
使用图形 ID	使用样条曲线中为【分段】和【样条线】分配的材质 ID 号
平滑	应用平滑到挤出模型

4.1.2　范例解析——制作"立体广告文字"

立体文字在广告中有着很重要的地位，通过它可以直接表达出作品的主题，能够很好地起到宣传的作用。本实例将利用【倒角】修改器的知识来制作一个立体文字效果，如图 4-24 所示。

图4-24　"立体广告文字"最终效果

【设计思路】

- 使用文本工具创建文字。

- 为文字添加【倒角】修改器。
- 设置修改器参数，完善设计。

【步骤提示】

1.　创建文字。

(1)　创建文本，如图 4-25 所示。

①　单击 ⚙ 按钮切换到【创建】面板，单击 ◷ 按钮切换到【图形】面板。

②　单击 ▭ 文本 ▭ 按钮。

③　在前视图中单击鼠标创建一个文本图形。

(2)　修改文本参数，如图 4-26 所示。

①　选中场景中的文本，单击 ◪ 按钮切换到【修改】面板。

②　在【参数】卷展栏设置【字体】为【Impact】。

③　设置【文本内容】为 "GOOD LUCK"。

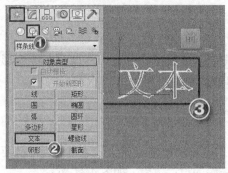

图4-25　创建文本

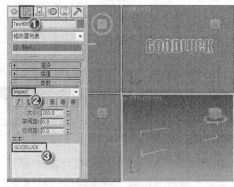

图4-26　修改文本参数

2.　设置文本的倒角效果。

(1)　添加【倒角】修改器，如图 4-27 所示。

①　选中场景中的文本，单击 ◪ 按钮切换到【修改】面板。

②　为文本添加【倒角】修改器。

(2)　设置修改器参数，如图 4-28 所示。

①　展开【参数】卷展栏，设置【曲面】/【分段】为 "4"。

②　在【相交】分组框中选择【避免线相交】复选项。

图4-27　添加【倒角】修改器

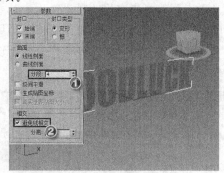

图4-28　设置修改器参数

(3)　设置倒角参数，如图 4-29 所示。

① 展开【倒角值】卷展栏，设置【级别 1】/【高度】为 "25"。

② 选择【级别 2】复选项，设置【级别 2】/【高度】为 "2.0"，【轮廓】为 "–2.0"。

(4)　按 Ctrl+S 键保存场景文件到指定目录，设计效果如图 4-30 所示。

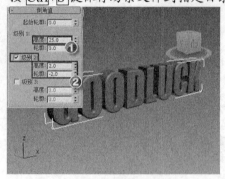

图4-29　设置倒角参数

图4-30　倒角效果

4.2　编辑二维图形

二维建模是在二维图形的基础上添加一些命令生成三维模型的过程。通过对二维图形的编辑操作可以完善图形形状，获得更加理想的轮廓曲线。

4.2.1　基础知识——二维图形的编辑方法

使用图形工具按钮创建的二维图形都是一些简单的基本图形，但在实际运用中经常需要对二维图形的顶点、线段、样条线进行修改来获得更加完善的设计效果，如图 4-31 所示。

编辑前

编辑后

图4-31　编辑二维图形

一、　【顶点】选择集的修改

【顶点】选择集在修改时最常用。其主要的修改方式是通过在样条曲线上添加点、移动点、断开点、连接点等操作将图形修改至用户所需要的各种复杂形状。

下面通过为矩形添加【编辑样条线】修改器来学习【顶点】选择集的修改方法以及常用的【顶点】修改命令。

要点提示　除【线】工具绘制的图形可直接使用【修改】面板进行全面修改外（如图 4-32 所示），其他图形都只能在修改面板中对创建参数作简单修改，需要转换为可编辑样条线后才能全面修改。将图形转换为可编辑样条线有以下两种方法：①为图形添加【编辑样条线】修改器，如图 4-33 所示，具体方法稍后介绍；② 选择右键快捷菜单中的【转换为可编辑样条线】命令，如图 4-34 所示。

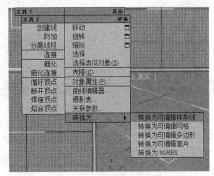

图4-32 线的【修改】面板　　图4-33 添加【编辑样条线】修改器　　图4-34 右键快捷菜单

1. 编辑顶点。

(1) 选择【矩形】工具，在前视口中创建一个矩形，如图 4-35 所示。

(2) 单击 按钮切换到【修改】面板，在【修改器列表】中选择【编辑样条线】命令，为矩形添加【编辑样条线】修改器，如图 4-36 所示。

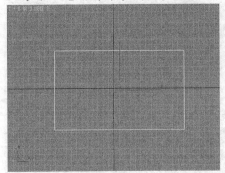

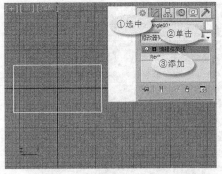

图4-35 创建矩形　　　　　　　　　　　图4-36 添加【编辑样条线】修改器

(3) 单击【编辑样条线】修改器前面的■符号，展开【编辑样条线】修改器的选项。单击选中【顶点】选项，如图 4-37 所示。

(4) 展开【几何体】卷展栏，单击 优化 按钮。

(5) 将鼠标指针移动至矩形的线段上，单击鼠标左键就可以在相应的位置插入新的顶点。最后，在视口中单击鼠标右键关闭优化按钮，设计效果如图 4-38 所示。

图4-37 选择【顶点】子对象层级　　　　　图4-38 添加顶点

2. 调整顶点。

(1) 在工具栏中单击 按钮。

(2) 逐个选中顶点并移动顶点。最后获得的设计效果如图 4-39 所示。

当顶点被选中时，顶点左右会出现两个控制手柄，通过调节手柄可以调整样条线的曲度。

3ds Max 2014 为用户提供了 4 种类型的顶点：Bezier 角点、Bezier、角点和平滑。选择顶点后单击鼠标右键，在弹出快捷菜单的【工具 1】区内可以看到点的 4 种类型，如图 4-40 所示，选择其中的类型选项，就可以将当前点转换为相应的类型。它们的区别如下。

① Bezier 角点：Bezier 角点类型在顶点上方会出现两个不相关联的控制柄，分别用于调节线段两侧的曲率，如图 4-41（a）所示。

② Bezier：Bezier 类型会在顶点上方出现控制柄，两个控制柄会锁定成一条直线并与顶点相切，顶点处的曲率由切线控制柄的方向和距离确定，如图 4-41（b）所示。

③ 角点：角点类型会将顶点两侧的曲率设为直线，在两个顶点之间会产生尖锐的转折效果，如图 4-41（c）所示。

④ 平滑：平滑类型会将线段切换为圆滑的曲线，平滑顶点处的曲率是由相邻顶点的间距决定的，如图 4-41（d）所示。

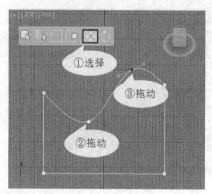

图4-39　调整顶点

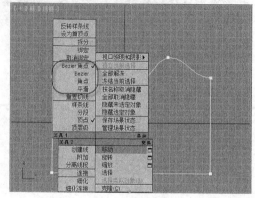

图4-40　右键菜单

（a）Bezier 角点

（b）Bezier

（c）角点

（d）平滑

图4-41　不同的顶点类型

在二维图形的【顶点】修改中，除了经常用 优化 按钮来进行添加"点"外，还有一些比较常用的命令，如表 4-4 所示。

表 4-4　　　　　　　　　　常用的【顶点】修改命令

命令	功能
连接	连接两个断开的点
断开	使闭合图形变为开放图形
插入	该功能与 优化 按钮相似，都是添加"点"命令，只是 优化 按钮是在保持原图形不变的基础上增加顶点，而【插入】命令是一边加"点"一边改变原图形的形状

续表

命令	功能
设为首顶点	第一个顶点是用来标明一个二维图形的起点，在放样设置中各个截面图形的第一个节点决定【表皮】的形成方式，此功能就是使选中的点成为第一个顶点
焊接	将两个断点合并为一个顶点
删除	删除选中的顶点。选中顶点后，利用 Delete 键也可删除该顶点
锁定控制柄	该命令只对【Bezier】和【Bezier角点】类型的顶点生效。选择该选项后，框选多个顶点，移动其中一个顶点的控制手柄，其他顶点的控制手柄也随之变动

二、 【分段】选择集的修改

如果要对线段进行调整，就需要在【编辑样条线】修改器选项中选择【分段】子对象层级，并在场景中单击选中线段，就可以对线段进行一系列的操作，包括移动、断开和拆分等，如表 4-5 所示。

表 4-5　　　　　　　　　　　常用的【分段】修改命令

命令	功能
断开	将选择的线段打断
优化	与顶点的优化功能相同，主要是在线条上创建新的顶点
拆分	通过在选择的线段上加点，将选择的线段分成若干条线段，通过在其后面的输入框中输入要加入顶点的数值，然后单击该按钮，即可将选择的线段细分为若干条
分离	将当前选择的线段分离

三、 【样条线】选择集的修改

【样条线】级别是二维图形中另一个功能强大的次物体修改级别，相连接的线段即为一条样条线曲线。在【样条线】级别中，最常用的是【轮廓】和【布尔】运算的设置。

四、 可渲染属性建模

可渲染属性建模是指通过设置【修改】面板上【渲染】卷展栏中的参数来使二维图形以管状形式来渲染出三维效果。

1. 按 Ctrl+O 键，打开附盘文件"素材\第 4 章\可渲染属性\可渲染属性建模.max"，如图 4-42 所示。

2. 为栏杆边柱设置可渲染属性，如图 4-43 所示。

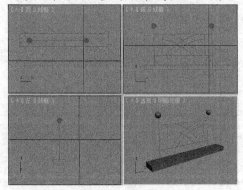

图4-42　打开模板

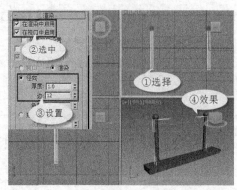

图4-43　为栏杆边柱设置可渲染属性

(1) 单击选中场景中的栏杆边柱。

(2) 单击 ⬚ 按钮切换到【修改】面板。

(3) 在【渲染】卷展栏中选中【在视口中启用】和【在渲染中启用】复选项。

(4) 选中【径向】单选项，并设置【厚度】为"1"，【边】为"12"。

3. 为栏杆中心轮廓设置可渲染属性，如图 4-44 所示。

(1) 单击选中场景中栏杆的中心轮廓。

(2) 单击 ⬚ 按钮切换到【修改】面板。

(3) 在【渲染】卷展栏中选中【在视口中启用】和【在渲染中启用】复选项。

(4) 选中【径向】单选项，并设置【厚度】为"0.5"，【边】为"12"。

最后获得的设计效果如图 4-45 所示。

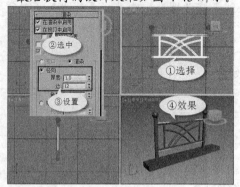

图4-44 为栏杆中心轮廓设置可渲染属性

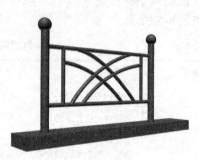

图4-45 渲染结果

【渲染】卷展栏中的常用命令及功能如表 4-6 所示。

表 4-6 　　　　　　　　　　　　　【渲染】卷展栏常用命令及功能

参数	功能
在渲染中启用	选中该复选项，可以将二维图形渲染输出为网格对象
在视口中启用	选中该复选项，可以直接在视口中显示二维曲线的渲染效果
使用视口设置	用于控制二维曲线按视口设置进行显示。只有选中【在视口中启用】复选项时该复选项才有用
生成贴图坐标	对曲线直接应用贴图坐标
视口	基于视口中的显示来调节参数（该选项对渲染不产生影响）。当选中【显示渲染网格】和【使用视口设置】两个复选项时，该选项可能被选择
渲染	基于渲染器来调节参数，当选中【渲染】单选项时，图形可以根据【厚度】参数值来渲染
厚度	设置曲线渲染时的粗细大小
边	控制被渲染的线条由多少个边的圆形作为截面。例如：将该参数设置为"4"，可以得到一个正方形的剖面
角度	调节横截面的旋转角度

4.2.2 范例解析——制作"古典折扇"

折扇是由扇面、扇骨和销钉构成的。扇面是通过创建样条线后挤出，而扇骨和销钉是用基本体制作而成。本实例重点讲解样条线的创建和修改，最终效果如图 4-46 所示。

图4-46　"古典折扇"设计效果

【设计思路】

- 绘制样条曲线，并细分线段。
- 调整曲线形状，围成扇面轮廓。
- 添加【挤出】修改器，创建扇面
- 使用长方体工具创建扇骨。
- 添加【弯曲】修改器制作折扇。
- 使用圆柱体工具制作销钉。

【设计步骤】

1. 制作扇面。

(1) 创建样条线，如图 4-47 所示。

① 单击 ⚙ 按钮切换到【创建】面板，单击 ⬚ 按钮进入【图形】面板，单击 ▢ 线 ▢ 按钮。

② 展开【键盘输入】卷展栏，设置【X】的值为 "−100"，【Y】和【Z】的值都为 "0"，单击 添加点 按钮，即可创建一个顶点。

③ 重新设置【X】的值为 "100"，【Y】和【Z】的值都为 "0"，单击 添加点 按钮，即可创建第 2 个点，单击 完成 按钮，即可创建一条长 200 的线条。

(2) 显示顶点编号，如图 4-48 所示。

① 选中场景中的线条，单击 ✎ 按钮切换到【修改】面板。

② 展开修改器堆栈，选择【线段】子对象层级。

③ 在【选择】卷展栏的【显示】分组框中选择【显示顶点编号】复选项。

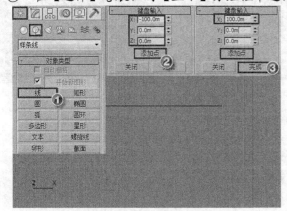

图4-47　创建样条线

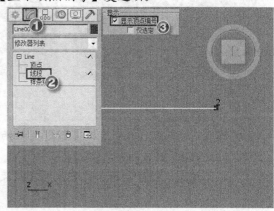

图4-48　显示顶点编号

显示顶点编号是为了让操作对象更加直接、清晰。

(3)　拆分线段，如图 4-49 所示。

①　选中视图中的线段，在【修改】面板中设置【几何体】/【拆分】参数为 "28"。

②　单击 拆分 按钮，即可将线段拆分为 29 份。

(4)　转换顶点类型，如图 4-50 所示。

①　在修改器堆栈中，选择【顶点】子对象层级。

②　拖动鼠标指针框选所有顶点。

③　单击鼠标右键，在弹出的快捷菜单中选择【Bezier】命令将选中的点转换为 Bezier 点。

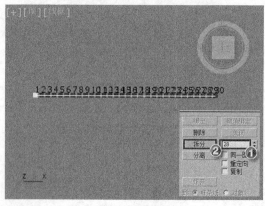　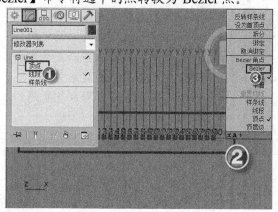

图4-49　拆分线段　　　　　　　　　　　图4-50　转换顶点类型

(5)　调整线段形状 1，如图 4-51 所示。

①　按住 Ctrl 键依次单击选中偶数的顶点，然后向下移动一段距离。

②　选中顶点 1，调整手柄使曲线的弯曲接近斜线。

③　用步骤②的方法调整顶点 30。

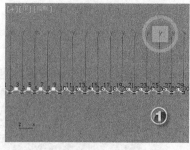　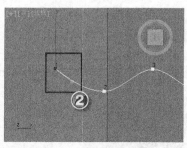

图4-51　调整线段形状 1

(6)　调整线段形状 2，如图 4-52 所示。

①　在【选择】卷展栏中选择【锁定控制柄】复选项。

②　选中 2~29 所有的顶点。

③　沿 x 轴方向移动手柄，使曲线的弯曲接近斜线。

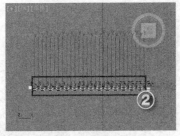

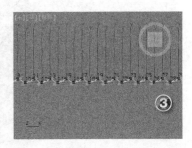

图4-52 调整线段形状 2

要点提示 选择【锁定控制柄】复选项后就能一起调整多个顶点的控制手柄。

(7) 添加【挤出】修改器，如图 4-53 所示。

① 在【修改器列表】中选择【挤出】命令，为样条线添加【挤出】修改器。

② 在【参数】卷展栏中设置【数量】为 "120"。

2. 制作扇骨。

(1) 创建长方体，如图 4-54 所示。

① 单击 按钮，切换到【创建】面板。

② 单击 按钮切换到【标准基本体】面板。

③ 单击 长方体 按钮。

④ 在前视图创建一个长方体。

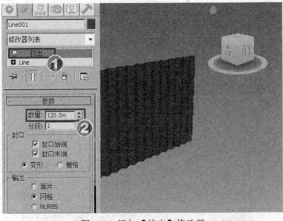

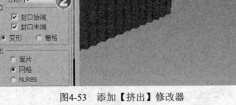

图4-53 添加【挤出】修改器   图4-54 创建长方体

(2) 设置长方体参数，如图 4-55 所示。

① 选中创建的长方体，单击 按钮切换到【修改】面板。

② 在【参数】卷展栏中设置【长度】为 "180"，【宽度】为 "6"，【高度】为 "1" 和【宽度分段】为 "4"。

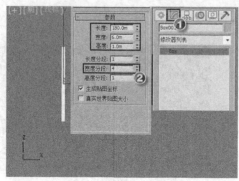

图4-55　设置长方体参数

(3)　旋转并复制长方体，如图 4-56 所示。

①　在顶视图旋转长方体，使矩形靠近样条线。

②　在左视图中移动长方体，使其顶端对齐扇面的顶端。

③　在顶视图中复制矩形，使每一格都有一矩形。

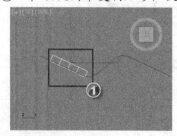
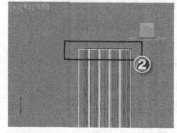
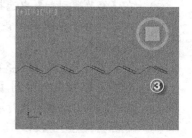

图4-56　旋转并复制长方体

(4)　添加【弯曲】修改器，如图 4-57 所示。

①　按 Ctrl + A 键选中所有的对象，单击 按钮切换到【修改】面板。

②　在【修改器列表】中选择【弯曲】命令，添加【弯曲】修改器。

③　在【参数】卷展栏设置【弯曲】/【角度】为"170"。

④　在【弯曲轴】分组框中选择【X】单选项。

(5)　调整弯曲中心，如图 4-58 所示。

①　在修改堆栈中，展开【弯曲】修改器。

②　单击选择【中心】子对象层级。

③　在前视图中将中心向下移，使扇骨交点的下部分较小。

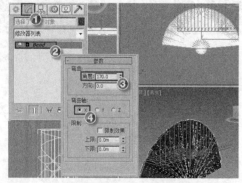
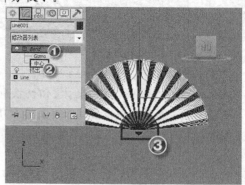

图4-57　添加【弯曲】修改器　　　　　　　　图4-58　调整弯曲中心

3. 制作销钉。

(1) 创建切角圆柱体，如图 4-59 所示。

① 单击 ✱ 按钮打开【创建】面板。

② 单击 ○ 按钮打开【几何体】面板，在【标准基本体】下拉列表中选择【扩展基本体】选项，打开【扩展基本体】面板。

③ 单击 切角圆柱体 按钮，在前视图创建一个切角圆柱体，移动至扇骨交点处。

(2) 设置切角圆柱体的参数，如图 4-60 所示。

① 选中场景中的切角圆柱体，单击 ◪ 按钮切换到【修改】面板。

② 在【参数】卷展栏中设置【半径】为 "1.5"，【高度】为 "6.0"，【圆角】为 "0.5"，【边数】为 "32"。

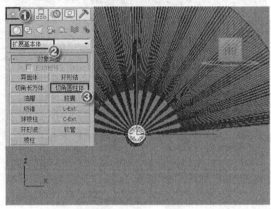

图4-59 创建切角圆柱体

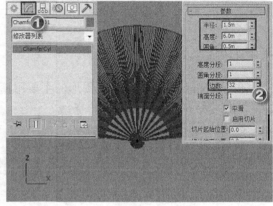

图4-60 设置切角圆柱体的参数

4. 按 Ctrl+S 键保存场景文件到指定目录，本案例制作完成。

4.3 知识拓展——创建精确长度的样条线

用户在使用 3ds Max 2014 创建二维模型时，如果需要精确建模就需要按尺寸来创建样条线，但 3ds Max 2014 没有提供直接设置线条长度的操作方法，那如何来设置线条的长度呢？下面以创建一条长 100mm 的样条线为例，介绍创建精确长度样条线的方法。

(1) 使用【线】工具在视口中任意创建一根线条，如图 4-61 所示。

(2) 设置顶点坐标，如图 4-62 所示。

① 进入【修改】面板，选择线条的【顶点】子层级。

② 选中其中一个顶点。

③ 在 ✛ 按钮上单击鼠标右键。

④ 在弹出的【移动变换输入】对话框中设置坐标【X】为 "－50"，【Y】为 "0"，【Z】为 "0"。

⑤ 选中另一个顶点。

⑥ 在【移动变换输入】对话框中设置坐标【X】为 "50"，【Y】为 "0"，【Z】为 "0"。

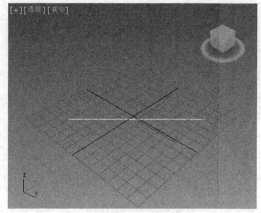

图4-61　任意创建一根线条

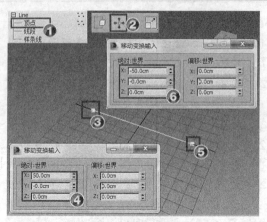

图4-62　设置顶点坐标

4.4　习题

1. 在 3ds Max 2014 中，二维图形的主要用途是什么，简要列举三项。
2. 如何将矩形转换为可编辑样条线？
3. 样条线的顶点主要有哪些类型？
4. 如何将矩形分解为 4 条独立的线段？
5. 可编辑样条线具有几个子层级，在每个层级下能进行哪些常用操作？

第5章 复合建模

【学习目标】
- 明确复合建模的基本设计思路。
- 了解布尔、放样和散布等工具的用法。
- 掌握二维曲线在复合建模中的应用技巧。
- 明确复合建模的设计要领。

3ds Max 2014 提供了丰富的建模手段用来创建精致的模型，其中复合建模是一种常用的建模手段之一，可以简便快捷地创建出形状多变的模型，大大节约了设计时间。

5.1 初步认识复合建模

复合体建模通过复合建模可以快速地将两个或两个以上的对象按照一定的规范组合成为一个新的对象，从而达到一定的建模目的。

5.1.1 基础知识——认识复合建模工具

在【创建】面板的下拉列表中选取【复合对象】，3ds Max 2014 提供了变形、散布、连接、布尔等 12 种复合工具，各种工具的含义及用途如表 5-1 所示。

表 5-1 各种复合工具的含义及用途

复合工具名称	图样	复合工具名称	图样
变形 通过两个或两个以上物体间的形状变化来制作动画		散布 将一个物体无序地散布在另一个物体的表面上	
一致 将一个对象的顶点投射到另一个物体上，使被投射的物体变形		连接 将两个对象连成一个对象	

续表

复合工具名称	图样	复合工具名称	图样
水滴网格 将距离很近的物体融合到一起，可用于表现流动的液体		图形合并 将二维对象融合到三维网格对象上	
布尔 将物体按照交、并、减规则进行合成		地形 将一个或几个二维造型转化为一个面	
放样 将两个或两个以上的二维图形组合成为一个三维对象		网格化 以每帧为基准将程序对象转化为网格对象，这样可以应用修改器，如弯曲	
ProBoolean （超级布尔） 可将二维和三维对象组合在一起建模		ProCutter （超级切割） 用于爆炸、断开、装配、建立截面或将对象拟合在一起的工具	

5.1.2　范例解析——制作"海边小岛"

本案例将使用复合对象中的【地形】、【放样】、【一致】、【散布】4 种建模方式打造一个优美的海边小岛，如图 5-1 所示。

图5-1　设计结果

【设计思路】

- 使用"线"工具绘制小岛轮廓，然后使用"地形"工具创建地形。
- 使用"线"工具和"矩形"工具绘制公路路径和轮廓，然后使用"放样"工具创建公路。
- 使用"一致"工具将公路贴合到地面。
- 创建植物，并使用"散布"工具将其分布在小岛上，以美化环境。

【步骤提示】

1. 制作小岛。

(1) 单击【创建】面板上的 线 按钮，在顶视图上绘制一条封闭的样条线，如图 5-2 所示。

(2) 使用相同的方法绘制其余线条，参考结果如图 5-3 所示。

> 读者在此处绘制线条时不必完全按照本书绘制，只要绘制的线条比较美观并且能满足后期制作小岛地形即可。

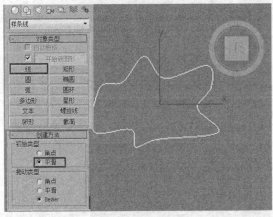

图5-2 绘制线条1

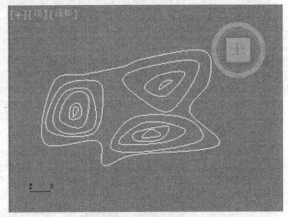

图5-3 绘制其余线条

(3) 切换到透视图，按照封闭样条线面积越小 z 轴方向越高的规律分别调整线条的 z 轴位置，最后得到如图 5-4 所示的参考效果。

(4) 选中封闭区域最大的样条线，单击 地形 按钮创建地形，如图 5-5 所示。

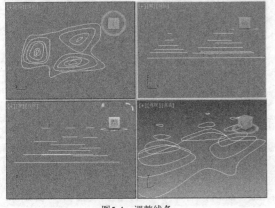

图5-4 调整线条

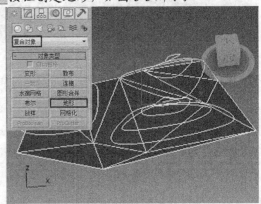

图5-5 打开地形工具

(5) 在【拾取操作对象】卷展栏中单击 拾取操作对象 按钮，依次拾取场景中的其他封闭线条，便形成如图 5-6 所示的小岛山地效果。

(6) 为了操作方便，将场景中的样条线全部隐藏，操作如图 5-7 所示。

要点提示 此处隐藏样条线的方法是一种十分有用的按类别隐藏的方法，灵活应用可以为设计带来许多便利。

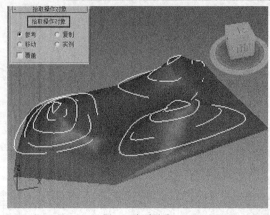

图5-6 创建小岛

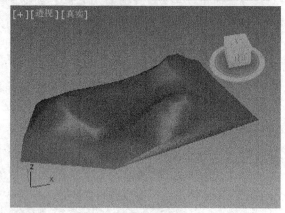

图5-7 隐藏线条

(7) 此时观察场景中的小岛效果，可发现过渡不够圆滑，切换到【修改】面板为其添加一个【网格平滑】修改器，如图 5-8 所示。

2. 制作公路。

(1) 在顶视图中绘制一条样条线，如图 5-9 所示。

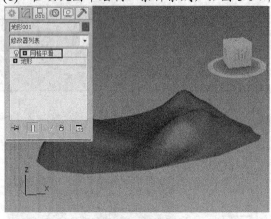

图5-8 平滑小岛

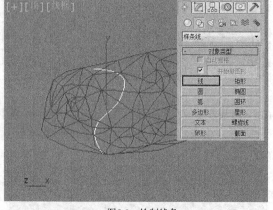

图5-9 绘制线条

要点提示 此处绘制的样条线作为小岛上公路的路线，故应分布在山谷区域较好，线条的弯曲情况可根据读者自己的喜好进行设置。

(2) 单击【创建】面板上的 矩形 按钮，在前视图中绘制一个矩形，如图 5-10 所示。

要点提示 此处绘制的矩形用来作为公路的路面，矩形的宽度将是公路的宽度，故读者在绘制时尽量按照本书给出的比例绘制。

(3) 选中用来表现公路路线的样条线，单击 放样 按钮，再单击 获取图形 按钮，单击用来表现路面的矩形，设置参数如图 5-11 所示。

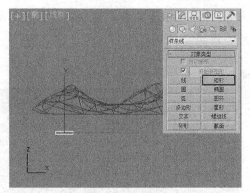

图5-10 绘制矩形

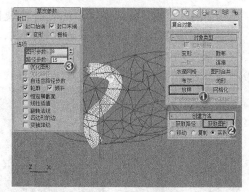

图5-11 放样对象

(4) 使用按类别隐藏的方法，将场景中的线条隐藏并检查公路，如图 5-12 所示。

(5) 确认公路没有超出小岛边界，如果超出则进入【修改】面板对路径样条线进行修改，如图 5-13 所示。

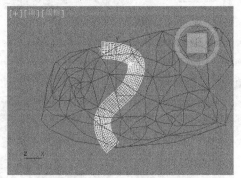

图5-12 隐藏对象

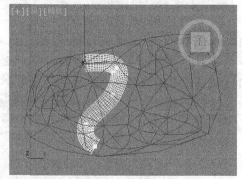

图5-13 修改对象

(6) 切换到透视图，沿 z 轴向上移动公路直到高出小岛，如图 5-14 所示。

(7) 保持公路对象处于选中状态，单击 一致 按钮，选择【参考】复选项，在【拾取包裹到对象】卷展栏中单击 拾取包裹对象 按钮，选择小岛对象，创建"一致"对象，如图 5-15 所示。

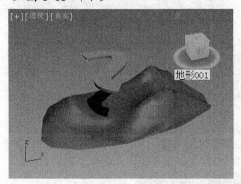

图5-14 移动对象

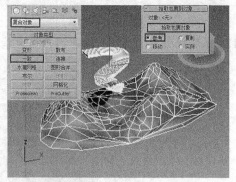

图5-15 创建"一致"对象

要点提示 如果从顶视图查看，公路有超出小岛的部分，这里创建"一致"则会出现意外的错误效果。

(8) 激活顶视图，确认【顶点投影方向】卷展栏中的【使用活动视口】单选项被选中，单

击 ▭重新计算投影▭ 按钮，此时公路便附着在小岛上，选择【更新】分组框中的【隐藏包裹对象】复选项即可查看公路形状，如图 5-16 所示。

3.　布置植物。

(9)　在顶视图中创建一棵"大丝兰"植物，并按照图 5-17 所示设置参数。

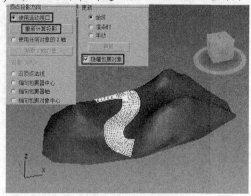

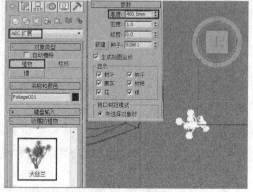

图5-16　隐藏包裹对象　　　　　　　　　　　图5-17　创建植物

(10)　保持选中场景中的植物对象，单击 ▭散布▭ 按钮，选中【实例】单选项，单击 ▭拾取分布对象▭ 按钮，拾取小岛对象，操作如图 5-18 所示，从而创建散布。

(11)　在【源对象参数】分组框中设置【重复数】值为"6"，效果如图 5-19 所示。

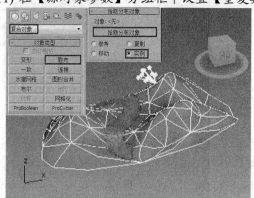

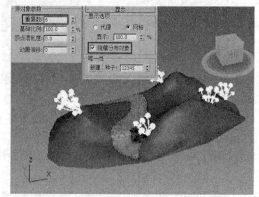

图5-18　散布对象　　　　　　　　　　　　　图5-19　创建植物

(12)　在顶视图中，绘制一个平面来当大海，如图 5-20 所示，至此海边小岛制作完成。

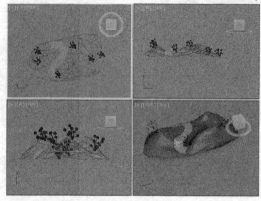

图5-20　设计效果

5.2　深入掌握复合建模的技巧

复合对象的建模工具较多，其中最常用的工具有【散布】、【图形合并】、【放样】以及【布尔】等，下面介绍这些工具的用法。

5.2.1　基础知识——创建复合对象

下面介绍几种常用复合工具的用法。

一、　【散布】工具

【散布】可以将所选源对象散布为阵列或散布到分布对象的表面，用来制作头发、草地、胡须、羽毛或刺猬等。其参数面板如图5-21 所示，主要参数用法如表 5-2 所示。

图5-21　"散布"参数面板

表 5-2　　　　　　　　　　　　　　　　　【散布】工具主要参数说明

卷展栏	参数	含义
拾取分布对象	对象	显示使用 拾取分布对象 按钮选择的分布对象的名称
	拾取分布对象按钮	单击 拾取分布对象 按钮，然后在场景中单击一个对象，将其指定为分布对象
	参考/复制/移动/实例	用于指定将分布对象转换为散布对象的方式。它可以作为参考、副本、实例或移动的对象（如果不保留原始图形）进行转换
散布对象	使用分布对象	使用分布对象根据分布对象的几何体来散布源对象
	仅使用变换	使用【变换】卷展栏上的偏移值来定位源对象的重复项。如果所有变换偏移值均保持为 0，则看不到阵列，这是因为重复项都位于同一个位置
	源名	用于重命名散布复合对象中的源对象，可以修改
	分布名	用于重命名分布对象，可以修改
	重复数	指定散布的源对象的重复项数目，默认情况下，该值设置为 1，不过，如果要设置重复项数目的动画，则可以从零开始，将该值设置为 0
	基础比例	改变源对象的比例，同样也影响到每个重复项。该比例作用于其他任何变换之前
	顶点混乱度	对源对象的顶点应用随机扰动
	动画偏移	用于指定每个源对象重复项的动画随机偏移原点的帧数
	垂直	若启用，则每个重复对象垂直于分布对象中的关联面、顶点或边。若禁用，则重复项与源对象保持相同的方向
	仅使用选定面	使用选择的表面来分配散布对象
	区域	在分布对象的整个表面区域上均匀地分布重复对象
	偶校验	在允许区域内分布散布对象，使用偶校验方式进行过滤
	跳过 N 个	在放置重复项时跳过 N 个面。该可编辑字段指定了在放置下一个重复项之前要跳过的面数。如果设置为 0，则不跳过任何面。如果设置为 1，则跳过相邻的面，依此类推
	随机面	在分布对象的表面随机地应用重复项

续表

卷展栏	参数	含义
散步对象	沿边	沿着分布对象的边随机地分配重复项
	所有顶点	在分布对象的每个顶点放置一个重复对象。【重复数】的值将被忽略
	所有边的中心	在每个分段边的中点放置一个重复项
	所有面的中心	分布对象上每个三角形面的中心放置一个重复对象
	体积	遍及分布对象的体积散布对象。其他所有选项都将分布限制在表面
	结果	在视图中直接显示散布的对象
	操作对象	选择是否显示散布对象或散布之前的操作对象
变换	旋转	在 3 个轴向上旋转散布对象
	局部平移	沿散布对象的自身坐标进行位置改变
	在面上平移	沿所依附面的重心坐标进行位置改变
	比例	在 3 个轴向上缩放散布对象
	使用最大范围	若启用，则强制所有 3 个设置匹配最大值。其他两个设置将被禁用，只启用包含最大值的设置
	锁定纵横比	若启用，则保留源对象的原始纵横比
显示	代理	将源重复项显示为简单的楔子，在处理复杂的散布对象时可加速视口的重画
	网格	显示重复项的完整几何体
	显示	指定视口中所显示的所有重复对象的百分比。该选项不会影响渲染场景
	隐藏分布对象	隐藏分布对象。隐藏对象不会显示在视口或渲染场景中
	新建	生成新的随机种子数目
	种子	产生不同的散布分配效果，可以在相同设置下产生不同效果的散布结果
加载/保存预设	预设名	用于设置当前参数的名称
	保存预设	列出以前所保存的参数设置，退出 3ds Max 后仍有效
	加载	载入在列表中选择的参数设置，并且将它应用于当前的分布对象
	保存	保存"预设名"字段中的当前名称并将其放入"保存预设"窗口
	删除	删除在参数列表框中选择的参数设置

　"散布"的源对象必须是网格物体或者可以转化为网格物体的对象，否则该工具不能被激活使用。

二、【图形合并】工具

使用【图形合并】工具可以将一个或多个图形嵌入到其他对象的网格中，或者从网格中移除该图形。其参数面板如图 5-22 所示，主要参数用法如表 5-3 所示。

图5-22 【图形合并】参数面板

表 5-3 **【图形合并】工具主要参数说明**

卷展栏	参数		含义
拾取操作对象	拾取图形		单击该按钮，然后单击要嵌入网格对象中的图形。此图形沿图形局部负 z 轴方向投射到网格对象上
	参考/复制/移动/实例		指定如何将图形传输到复合对象中
参数	操作对象		在复合对象中列出所有操作对象
	删除图形		从复合对象中删除选中图形
	提取操作对象		提取选中操作对象的副本或实例。只有在【操作对象】列表中选择操作对象时，该按钮才有效
	实例/复制		指定如何提取操作对象。可以作为实例或副本进行提取
	操作	饼切	切去网格对象曲面外部的图形
		合并	将图形与网格对象曲面合并
		反转	反转"饼切"或"合并"效果。使用"饼切"选项，此效果明显。禁用"反转"时，图形在网格对象中是一个孔洞。启用"反转"时，图形是实心的而网格消失
	输出子网格选择		它提供指定将哪个选择级别传送到"堆栈"中的选项
显示/更新	显示	结果	显示操作结果
		操作对象	显示操作对象
	更新	始终	始终更新显示
		渲染时	仅在场景渲染时更新显示
		手动	仅在单击 更新 按钮后更新显示
		更新	当选中除【始终】之外的任一选项时更新显示

三、【布尔】工具

布尔运算可以对两个或两个以上的物体进行并集、交集和差集运算，从而得到新的对象。其参数面板如图 5-23 所示，主要参数用法如表 5-4 所示。

图5-23 【布尔】参数面板

表 5-4 【布尔】工具主要参数说明

参数		含义
拾取操作对象 B		此按钮用于选择用以完成布尔操作的第二个对象
参考		将原始对象的参考复制品作为操作对象 B，若以后改变原始对象，则会改变布尔物体中的操作对象 B，但改变操作对象 B，不会改变原始对象
复制		复制一个原始对象为操作对象 B，不改变原始对象
移动		将原始对象直接作为操作对象 B，而原始对象本身不存在
实例		将原始对象的关联复制品作为操作对象 B，若以后对两者之中任意一个进行改变都会影响另外一个
操作对象		用来显示当前的操作对象
操作	并集	将两对象合并，移除几何体的相交部分或重叠部分
	交集	将两对象相交的部分保留下来，删除不相交的部分
	差集（A-B）	在 A 物体中减去与 B 物体重合的部分
	差集（B-A）	在 B 物体中减去与 A 物体重合的部分
操作	切割	用操作对象 B 切割操作对象 A，但不给操作对象 B 的网格添加任何东西。共有【优化】、【分割】、【移除内部】、【移除外部】4 个选项可供选择。【优化】是在 A 物体上沿着 B 物体与 A 物体相交的面来增加顶点和边数，以细化 A 物体的表面；【分割】是在 B 物体上切除 A 物体部分边缘，并且增加了一排顶点，利用这种方法可以根据其他物体的外形将一个物体分成两部分；【移除内部】删除位于操作对象 B 内部的操作对象 A 的所有面；【移除外部】删除位于操作对象 B 外部的操作对象 A 的所有面

> **要点提示** 物体在进行布尔运算后随时可以对两个运算对象进行修改，最后产生的结果也随之修改。布尔运算的修改过程还可以记录为动画，产生出"切割"、"合并"等效果。

> **要点提示** 【拾取布尔】卷展栏中 4 个选项的作用如下。
>
> - 【参考】：可使对原始对象所应用的修改器产生的更改与操作对象 B 同步，反之则不行。
> - 【复制】：如果希望在场景中重复使用操作对象 B 几何体，则可使用"复制"。
> - 【移动】：如果创建操作对象 B 几何体仅仅为了创建布尔对象，再没有其他用途，则可使用"移动"方式。
> - 【实例】：使用"实例"方式可使布尔对象的动画与对原始对象 B 所做的动画更改同步，反之亦然。

四、【放样】工具

放样操作可以将一组二维图形作为沿着一定路径分布的模型剖面，从而创建出具有复杂外形的物体。放样的参数面板如图 5-24 所示，主要参数用法如表 5-5 所示。

图5-24 【放样】参数面板

表 5-5 **【放样】工具主要参数说明**

参数	含义
获取路径	将路径指定给选定图形或更改当前指定的路径
获取图形	将图形指定给选定图形或更改当前指定的路径
移动/复制/实例	用于指定路径或图形转换为放样对象的方式
缩放	可以从单个图形中放样对象，该图形在其沿着路径移动时只改变其缩放
扭曲	使用"扭曲"变形可以沿着对象的长度创建盘旋或扭曲的对象。扭曲将沿着路径指定旋转量
倾斜	"倾斜"变形围绕局部 x 轴和 y 轴旋转图形
倒角	使用"倒角"变形可以制作出具有倒角效果的对象
拟合	使用"拟合"变形可以使用两条"拟合"曲线来定义对象的顶部和侧剖面

5.2.2 范例解析——制作"红玫瑰"

本案例将主要运用【放样】工具来制作一支浪漫的红玫瑰，结果如图 5-25 所示。

图5-25 "红玫瑰"最终效果展示

【设计思路】

- 使用"线"工具绘制花瓣截面以及轮廓曲线，然后放样花瓣。
- 使用缩放方法调整花瓣形状后，复制花瓣。
- 绘制花萼截面以及轮廓曲线，然后放样花萼。
- 绘制花茎截面以及轮廓曲线，然后放样花茎。

- 绘制叶子截面以及轮廓曲线，然后放样叶子。

【步骤提示】

1. 绘制花瓣放样曲线。

(1) 绘制花瓣形状曲线，如图 5-26 所示。

① 在【创建】面板中单击 按钮，单击 线 按钮。

② 在【初始类型】分组框中选择【平滑】单选项，在【前视图】中绘制一条由 4 个顶点形成的曲线。

(2) 调整顶点坐标参数，如图 5-27 所示。

① 在【修改】面板选中【顶点】子层级。

② 从上到下依次设置 4 个顶点的 x 和 z 坐标参数。

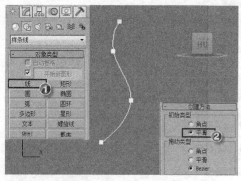

图5-26 绘制花瓣形状曲线

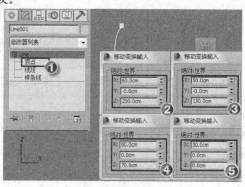

图5-27 调整顶点坐标参数

(3) 绘制花瓣截面曲线，如图 5-28 所示。

① 在【创建】面板中单击 线 按钮，在【前视图】中绘制一条由 3 个顶点形成的曲线。

② 在【修改】面板选中【顶点】子层级。

③ 依次调整各个顶点的 x 和 z 坐标参数。

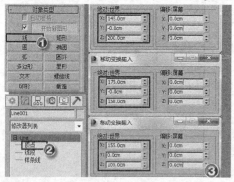

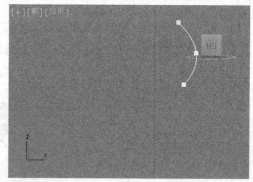

图5-28 绘制花瓣截面曲线

2. 制作花瓣。

(1) 放样花瓣，如图 5-29 所示。

① 选中花瓣形状曲线，在【创建】面板中单击 按钮，设置创建对象类型为【复合对象】。

② 单击 放样 按钮。

③ 单击 获取图形 按钮。

④ 选择花瓣截面曲线。

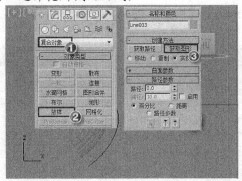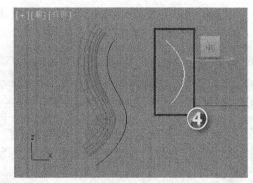

图5-29 放样花瓣

(2) 调整放样模型，如图 5-30 所示。

① 在【修改】面板中选中【图形】子层级。

② 选中放样模型上的截面图形。

③ 单击 居中 按钮。

(3) 调整缩放变形 1，如图 5-31 所示。

① 单击返回父层级，在【变形】卷展栏中单击 缩放 按钮，打开【缩放变形】窗口。

② 单击选中左侧控制点，设置垂直方向位置参数为 "1.5"。

③ 在控制点上单击鼠标右键，在弹出的快捷菜单中选择【Bezier-角点】命令。

④ 调整控制手柄位置。

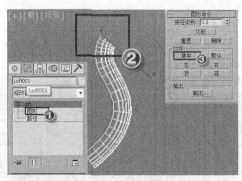

图5-30 调整放样模型

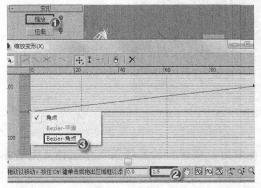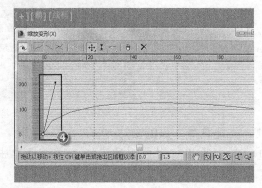

图5-31 调整缩放变形 1

(4) 调整缩放变形 2，如图 5-32 所示。

① 单击选中右侧控制点，设置垂直方向位置参数为"30"。

② 在控制点上单击鼠标右键，在弹出的快捷菜单中选择【Bezier-角点】命令。

③ 调整控制手柄位置。

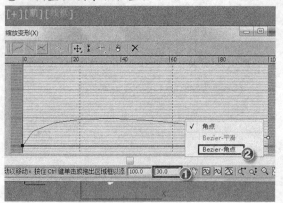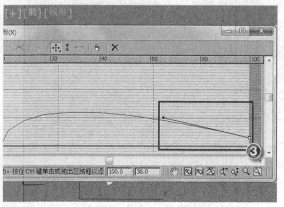

图5-32　调整缩放变形 2

(5) 调整轴，如图 5-33 所示。

① 选中【层次】面板。

② 单击 仅影响轴 按钮。

③ 设置轴的坐标参数，单击【修改】面板退出调整状态。

3. 复制和调整花瓣。

(1) 旋转复制花瓣，如图 5-34 所示。

① 按 E 键，打开【选择并旋转】工具。

② 按 A 键激活【栅格和捕捉设置】对话框，设置【角度】为"90"。

③ 按住 Shift 键不放，将放样对象绕 z 轴旋转 90°。

④ 设置【副本数】为"3"，单击 确定 按钮完成复制。

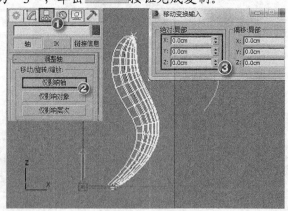

图5-33　调整轴

(2) 克隆花瓣，如图 5-35 所示。

① 选中第 1 个放样出的花瓣，在其上单击鼠标右键，在弹出的快捷菜单中选择【克隆】命令。

② 接受默认设置，在弹出的对话框中单击 确定 按钮完成克隆操作。

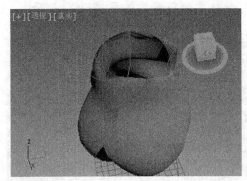

图5-34　旋转复制花瓣1

(3) 调整对象位置，如图 5-36 所示。

① 设置克隆花瓣旋转参数。

② 设置克隆花瓣缩放参数。

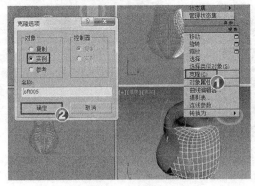

图5-35　克隆花瓣1

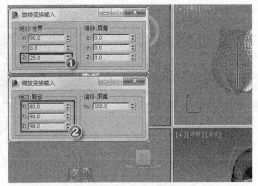

图5-36　调整克隆花瓣

(4) 旋转复制花瓣。按住 Shift 键不放，将花瓣绕 z 轴旋转 90°，设置【副本数】为 "3"，单击 确定 按钮完成复制，如图 5-37 所示。

(5) 克隆花瓣。选中内层第 1 个花瓣，单击鼠标右键，在弹出的快捷菜单中选择【克隆】命令，从内层对花瓣进行克隆操作，如图 5-38 所示。

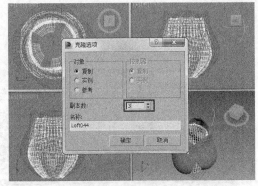

图5-37　旋转复制花瓣2

图5-38　克隆花瓣2

(6) 调整对象位置，如图 5-39 所示。

① 设置克隆花瓣旋转参数。

② 设置克隆花瓣缩放参数。

(7)　旋转复制花瓣。按住 Shift 键不放，将花瓣绕 z 轴旋转 90°，设置【副本数】为 "3"，如图 5-40 所示。

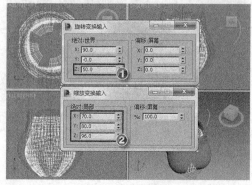

图5-39　调整对象位置

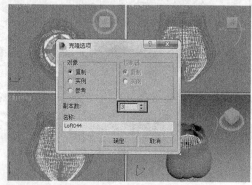

图5-40　旋转复制花瓣 3

(8)　继续克隆内层花瓣，将其旋转 25°，x 轴缩小 10%，y 轴缩小 5%，z 轴缩小 2%，再进行 90° 旋转复制。最终使花朵看上去比较饱满，如图 5-41 所示。

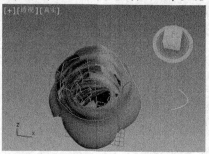

图5-41　克隆花瓣 3

4.　制作花萼。

(1)　绘制花萼形状曲线，如图 5-42 所示。

①　在【创建】面板中单击 线 按钮。

②　在【初始类型】分组框中选中【平滑】单选项。

③　在【前视图】绘制一条由 4 个顶点组成的曲线。

(2)　调整曲线形状，如图 5-43 所示。

①　在【修改】面板中选中【顶点】子层级。

②　调整各个顶点的 x 和 z 坐标参数。

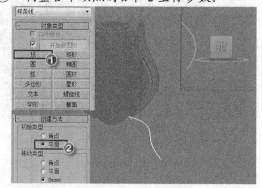

图5-42　绘制花萼形状曲线

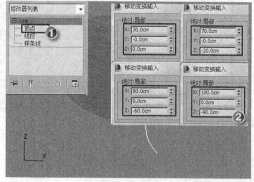

图5-43　调整曲线形状

(3) 绘制截面曲线，如图 5-44 所示。

① 在【创建】面板中单击 ┃ 线 ┃ 按钮。

② 在【前视图】中绘制一条长 "50" 的垂直线段。

> **要点提示** 绘制直线时，可按 S 键激活【捕捉开关】，在绘制时注意观察状态栏的如下提示：
> 栅格点 捕捉 场景根的坐标位置：[150.0, 0.0, 0.0] ，以方便绘制指定长度的线段。

(4) 放样花萼，如图 5-45 所示。

① 单击 按钮，设置创建对象类型为【复合对象】。

② 选中花萼形状曲线，单击 ┃ 放样 ┃ 按钮。

③ 单击 ┃获取图形┃ 按钮，选中花萼截面线创建放样物体。

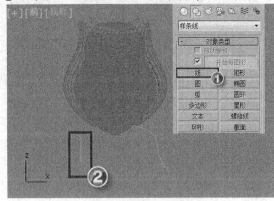

图5-44 绘制截面曲线

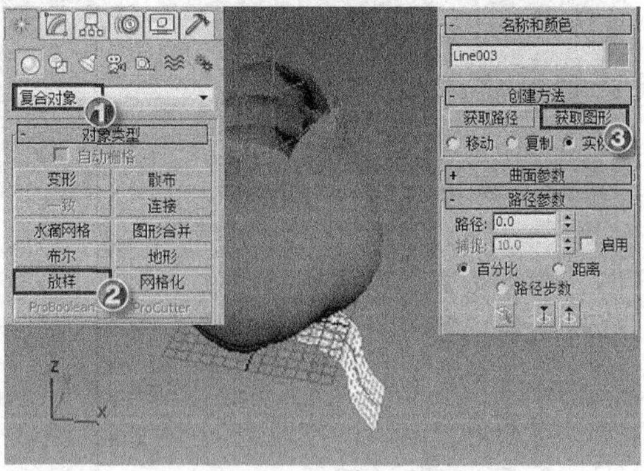

图5-45 放样花萼

(5) 调整缩放变形 1，如图 5-46 所示。

① 在【修改】面板中单击 ┃ 缩放 ┃ 按钮，打开【缩放变形】窗口，单击选中左侧控制点。

② 在控制点上单击鼠标右键，在弹出的快捷菜单中选择【Bezier-角点】命令。

(6) 调整缩放变形 2。选中右侧控制点，设置垂直方向位置参数为 "0"，如图 5-47 所示。

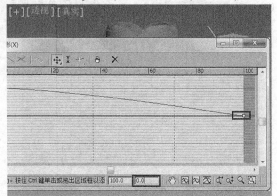

图5-46 调整缩放变形 1

图5-47 调整缩放变形 2

(7) 调整花萼的轴心，如图 5-48 所示。

① 选中【层次】面板。

② 单击 ┃仅影响轴┃ 按钮。

③ 设置轴的坐标参数，单击【修改】面板退出调整状态。

(8) 旋转复制花萼，如图 5-49 所示。

① 按 $\boxed{E}$ 键，打开【选择并旋转】工具。

② 按 $\boxed{A}$ 键，激活【角度捕捉切换】工具。

③ 按住 $\boxed{Shift}$ 键不放，将花萼绕 z 轴旋转约 72°。

④ 设置【副本数】为 "4"，单击 确定 按钮完成复制。

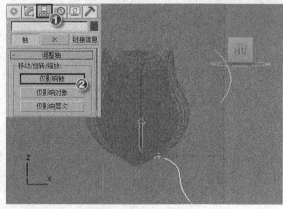

图5-48 调整花萼的轴心   图5-49 旋转复制花萼

5.   制作花茎。

(1) 绘制花茎形状曲线，如图 5-50 所示。

在【创建】面板中单击 线 按钮，在【前视图】中绘制一条较长的曲线。

(2) 绘制截面图形，如图 5-51 所示。

① 单击 圆 按钮。

② 在【前视图】绘制一个圆，设置【半径】为 "35"。

(3) 放样花茎，如图 5-52 所示。

① 选中花茎形状曲线。

② 单击 ○ 按钮，单击 放样 按钮。

③ 单击 获取图形 按钮，选中绘制的圆形截面。

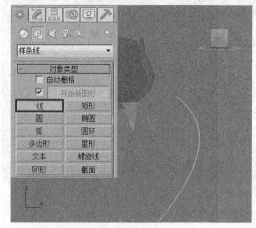

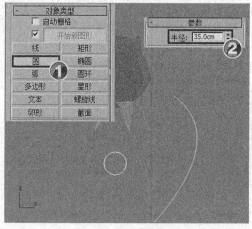

图5-50 绘制花茎形状曲线   图5-51 绘制截面图形

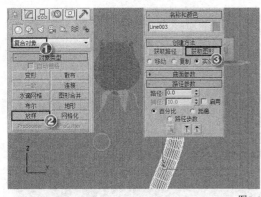
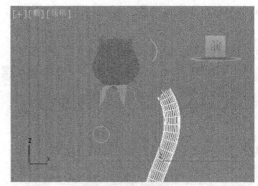

图5-52　放样花茎

（4）调整缩放变形，如图 5-53 所示。

① 在【修改】面板中单击 **缩放** 按钮打开【缩放变形】窗口。

② 单击 **+** 按钮，在控制线上单击添加一个控制点。

③ 在添加的控制点上单击鼠标右键，在弹出的快捷菜单中选择【Bezier-平滑】命令。

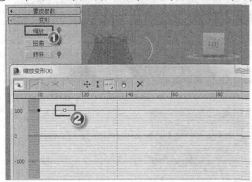

图5-53　调整缩放变形

（5）调整控制点位置，如图 5-54 所示。

① 单击 **+** 按钮，框选第 2 个和第 3 个控制点，设置垂直方向位置参数为"10"。

② 按 **W** 键，向左移动花茎至花朵下面。

6.　制作叶子。

（1）绘制叶子形状曲线，如图 5-55 所示。

在【创建】面板中单击 **线** 按钮，在【前视图】中绘制一条由 3 个顶点形成的曲线。

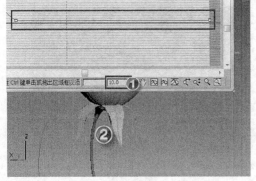
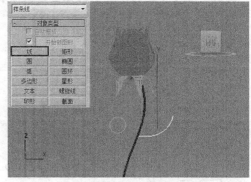

图5-54　调整控制点位置　　　　　　　　　　　图5-55　绘制叶子形状曲线

(2) 绘制叶子截面曲线。单击 ▢▢▢线▢▢▢ 按钮，绘制一条由 3 个顶点形成的曲线，如图 5-56 所示。

(3) 放样叶子，如图 5-57 所示。

① 选中叶子形状曲线，单击 ⊙ 按钮，选择复合对象。

② 单击 ▢▢放样▢▢ 按钮。

③ 单击 ▢获取图形▢ 按钮，选中叶子截面曲线，设计效果如图 5-57 所示。

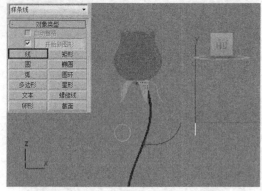

图5-56　绘制叶子截面曲线

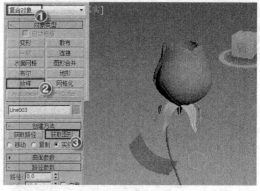

图5-57　放样叶子

(4) 调整缩放变形，如图 5-58 所示。

① 在【修改】面板中单击 ▢缩放▢ 按钮打开【缩放变形】窗口。

② 转换控制点类型并调整控制曲线形状。

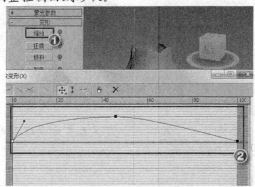

图5-58　调整缩放变形

(5) 复制一片叶子并调整叶子的位置，最后获得的设计效果如图 5-59 所示。

图5-59　设计效果

(6) 按 Ctrl+S 键保存场景文件到指定目录，本案例制作完成。

108

5.3 知识拓展——制作"变形"动画

使用"变形"工具可以轻松制作由一个模型向另一个模型演变产生的表面变形动画，可以制作类似面部表情的动画等。下面通过一个简单的示例说明该工具的用法。

1. 在顶视图中创建一个"茶壶体"模型，如图 5-60 所示。
2. 使用"选择并移动"工具配合 Shift 键复制出两个"茶壶体"模型，如图 5-61 所示。

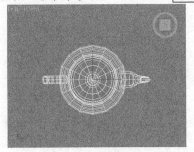

图5-60　创建"茶壶体"模型

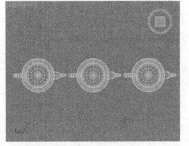

图5-61　移动复制"茶壶体"

3. 选中第 2 个"茶壶体"，为其添加【拉伸】修改器，将【拉伸】值设置为"1"；选中第 3 个"茶壶体"，为其添加【拉伸】修改器，将【拉伸】值设置为"1.5"，如图 5-62 所示。
4. 选中第 1 个茶壶体作为变形动画的基准体，然后在【创建】面板中启用【复合对象】工具，单击 变形 按钮，如图 5-63 所示。

图5-62　为茶壶体添加【拉伸】修改器

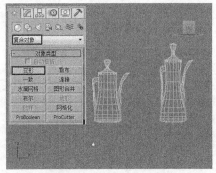

图5-63　启用【变形】工具

5. 在【拾取目标】卷展栏中选取【移动】方式，然后单击 拾取目标 按钮，如图 5-64 所示。
6. 将时间滑块移动到第 50 帧，然后单击第 2 个茶壶体；再将时间滑块移动到第 100 帧，然后单击第 3 个茶壶体，如图 5-65 所示。

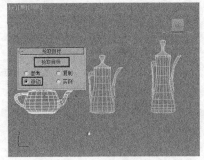

图5-64　拾取目标

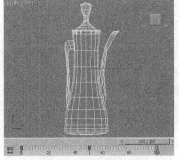

图5-65　选取目标对象

7. 激活透视图，单击动画控制栏中的▶按钮，即可看到制作的变形动画效果。

5.4 习题

1. 什么是"复合对象"，使用该方法建模有什么特点？
2. 什么是"布尔"运算，如何创建两个几何体的差运算？
3. 简要说明"放样"的建模原理。
4. "散布"可以用于创建哪些物体？
5. 如何在多个物体之间应用"布尔"运算功能？

第6章　多边形建模

【学习目标】

- 明确多边形建模的基本原理。
- 明确多边形物体的基本层级。
- 掌握多边形物体的基本编辑方法。
- 总结多边形建模的基本技巧。

3ds Max 提供了丰富的建模手段用来创建精致的模型，例如多边形建模、网格建模、NURBS（曲面）建模以及面片建模等，这些建模方法在原理以及工具上具有一定的相似性，本章将选取多边形建模作为代表进行介绍。

6.1　多边形建模的基本原理

多边形建模用于创建更加精细和真实的模型。一般模型都是由许多面组成的，每个面都有不同的尺寸和法线方向，通过对这些表面进行精细设计就可以创建出复杂的三维模型。

6.1.1　基础知识——将对象转换为多边形物体

与基本形体用"搭积木"的建模方式来创建"堆砌建模"不同，多边形建模属于"细分建模"，就是将物体表面划分为不同大小的多边形，然后对其进行"精雕细琢"。

一、多边形建模的流程

多边形建模的一般流程如图 6-1 所示。

(1) 通过创建几何体或者其他方式建模得到大致的模型。

(2) 将基础模型转化（塌陷）为可编辑多边形，进入可编辑多边形的子级别进行编辑。

(3) 使用【网格平滑】或【涡轮平滑】修改器对模型进行平滑处理。

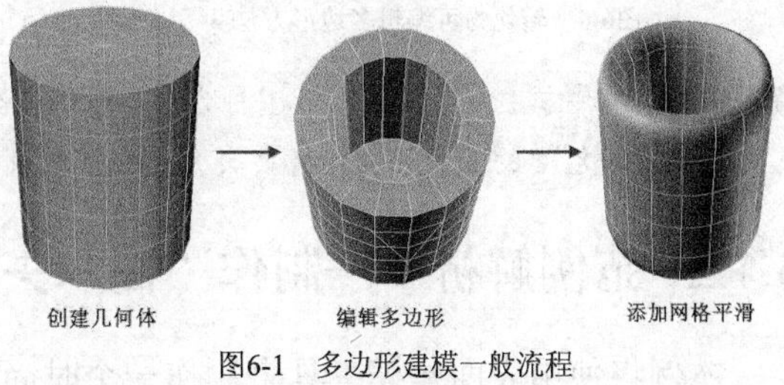

创建几何体　　　编辑多边形　　　添加网格平滑

图6-1　多边形建模一般流程

二、将对象转化为多边形物体的方法

多边形物体不是使用特殊方法创建出来的，而是将各种对象通过塌陷等方式转换而来的，具体有以下 4 种方法。

(1) 为物体添加【编辑多边形】修改器，如图 6-2 所示。

(2) 在物体上单击鼠标右键，在弹出的快捷菜单中选择【转换为】/【转换为可编辑多边形】命令即可将其转化为可编辑多边形，如图 6-3 所示。

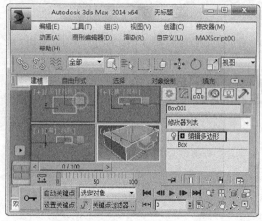

图6-2　转化为可编辑多边形方法 1

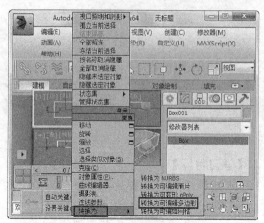

图6-3　转化为可编辑多边形方法 2

（3）在修改器堆栈中选中物体，然后单击鼠标右键，在弹出的快捷菜单中选择【可编辑多边形】命令也可将其转化为可编辑多边形，如图 6-4 所示。

（4）选中物体，在【Graphite 建模工具】工具栏中单击 建模 按钮，然后单击 多边形建模▼ ，在弹出的面板中选择【转化为多边形】，如图 6-5 所示。

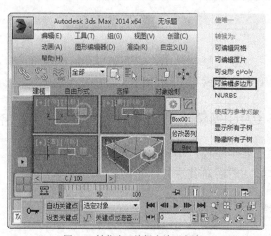

图6-4　转化为可编辑多边形方法 3

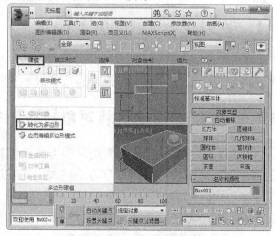

图6-5　转化为可编辑多边形方法 4

 4 种方法中，除使用第 1 种方法得到的多边形物体将全部保留模型的创建参数外，其余 3 种方法创建的多边形物体将丢失全部创建参数。

6.1.2　范例解析——制作“高尔夫球”

本例将使用表面建模工具来制作一个时尚的高尔夫球，最终效果如图 6-6 所示。

【设计思路】

- 绘制长方体作为基础物体。
- 为长方体依次添加【球形化】和【编辑多边形】修改器。
- 使用【挤出】工具挤出高尔夫球表面凸起。
- 为创建的对象添加【涡轮平滑】修改器。
- 绘制截面曲线，然后使用车削工具创建限位木。

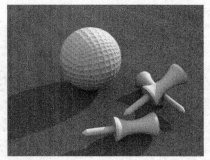

图6-6 "高尔夫球"最终效果

【设计步骤】

1. 制作高尔夫球。

(1) 在顶视图上创建一个长方体，并设置长方体参数，如图 6-7 所示。

(2) 为长方体添加修改器，如图 6-8 所示。

① 在【修改】面板中为长方体添加一个【球形化】修改器。

② 在【参数】分组框中设置【百分比】值为"100"。

③ 继续为长方体添加【编辑多边形】修改器，并选择【多边形】子层级。

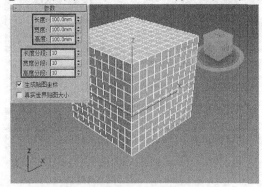
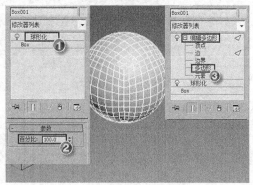

图6-7 创建长方体及其参数设置   图6-8 为长方体添加修改器

(3) 编辑球体，如图 6-9 所示。

① 框选中所有多边形，在【编辑多边形】分组框中单击 插入 按钮右侧的□按钮。

② 在弹出的【插入多边形】面板中设置插入参数。

③ 单击 挤出 按钮右侧的□按钮。

④ 在弹出的【挤出多边形】面板中设置挤出参数。

图6-9 编辑球体

(4) 返回【可编辑多边形】层级，在修改器列表中为其添加一个【涡轮平滑】修改器，如

图 6-10 所示。

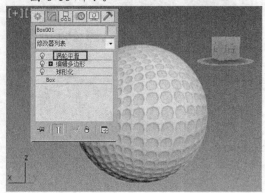

图6-10 添加【涡轮平滑】修改器

2. 制作限位木。

(1) 单击【创建】面板上的 [线   ] 按钮，在前视图上绘制如图 6-11 所示的样条线。

(2) 为样条线添加一个【车削】修改器，效果如图 6-12 所示。

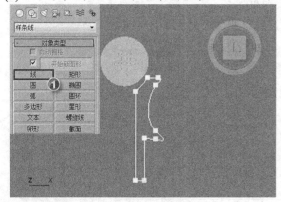

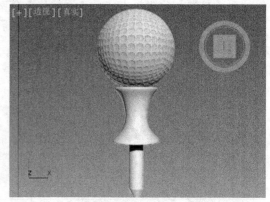

图6-11 创建样条线

图6-12 为长方体添加修改器

6.2 编辑多边形对象

将物体转换为可编辑多边形对象后，可以在顶点、边、边界、多边形以及元素等不同层级上对其进行编辑，以创建出形状丰富的模型。

6.2.1 基础知识——认识多边形物体的层级

将物体转化为可编辑多边形后进入【修改】面板，展开【可编辑多边形】选项分别进入其子选项进行编辑，用户可以看到以下的 5 个层级。

一、顶点

顶点是多边形网格线的交点，用来定义多边形的基础结构，当移动或编辑顶点时，可以局部改变几何体的形状。在参数面板中单击 ▦ 按钮进入【顶点】级别后，即可使用图 6-13 所示的工具对多边形物体的顶点进行编辑，如图 6-14 所示。

图6-13 顶点层级

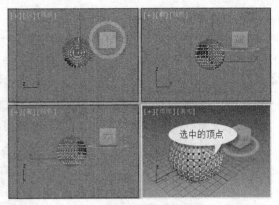

图6-14 编辑顶点

二、 边

边是连接两个顶点间的线段，但在多边形物体中，一条边不能由两个以上多边形共享。在参数面板中单击 按钮进入【边】级别后，即可使用图 6-15 所示的工具对多边形物体的边进行编辑，如图 6-16 所示。

图6-15 边层级

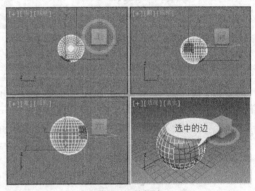

图6-16 编辑边

三、 边界

边界是网格的线性部分，通常可描述为空洞的边缘，例如创建物体后，删除物体上选定的多边形区域，则将形成边界。在参数面板中单击 按钮进入【边界】级别后，即可使用图 6-17 所示的工具对多边形物体的边界进行编辑，如图 6-18 所示。

图6-17 边界层级

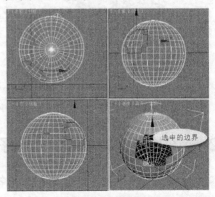

图6-18 编辑边界

四、 多边形

多边形是通过曲线连接的一组边的序列，为物体提供可渲染的曲面。在【多边形】层级下，可以使用各种编辑工具对其进行编辑操作。在参数面板中单击■按钮进入【多边形】级别后，即可使用图 6-19 所示的工具对多边形物体进行编辑，如图 6-20 所示。

图6-19 多边形层级

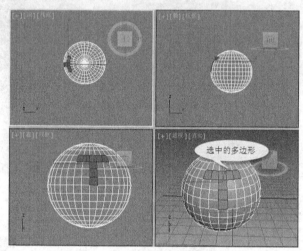

图6-20 编辑多边形

五、 元素

元素是指单个独立的网格对象，可将其组合为更大的多边形物体，例如将一个物体删除中间部分形成两个独立区域时，则形成两个元素。在参数面板中单击■按钮进入【元素】级别后，即可使用图 6-21 所示的工具对多边形物体的元素进行编辑，如图 6-22 所示。

图6-21 元素层级

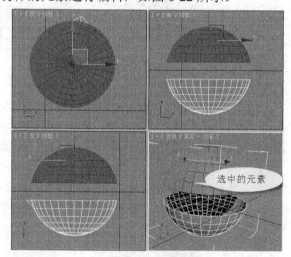

图6-22 编辑元素

6.2.2 范例解析——制作"椅子"

本例通过多边形建模方法制作出一把椅子，其最终效果如图 6-23 所示。

图6-23　"椅子"设计结果

【设计思路】

- 创建管状体模型作为建模主体结构。
- 为对象添加【可编辑多边形】修改器。
- 在【多边形】层级下使用【挤出】工具逐步创建椅子靠背和椅子腿。
- 使用"油罐体"创建椅子坐垫。

【步骤提示】

1. 制作椅子靠背。

(1) 创建"管状体"模型，如图 6-24 所示。

① 在【创建】面板的【几何体】选项卡中单击 管状体 按钮。

② 在顶视图中创建一管状体，并设置其参数。

③ 在【修改】面板中为管状体添加【编辑多边形】修改器。

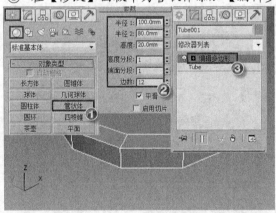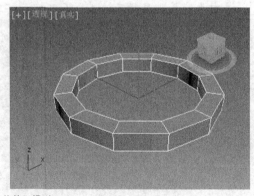

图6-24　创建"管状体"模型

(2) 编辑"管状体"模型，如图 6-25 所示。

① 选择【多边形】子层级。

② 在【选择】分组框中选择【忽略背面】复选项，然后在"管状体"上方选中 4 个面。

③ 在【编辑多边形】分组框中单击 挤出 按钮旁的 □ 按钮，设置挤出高度为"60"。

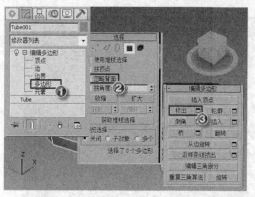 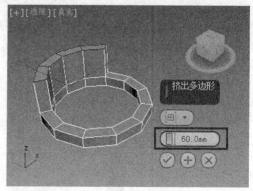

图6-25　编辑"管状体"模型

(3)　将挤出部分连续挤出两次，挤出高度分别为"60"和"20"，如图 6-26 所示。

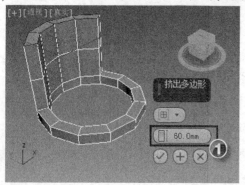 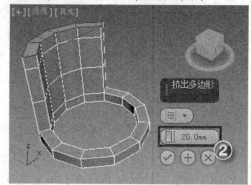

图6-26　挤出对象

(4)　挤压"靠背"，如图 6-27 所示。

①　在【选择】卷展栏中取消选择【忽略背面】复选项。

②　选中靠背最上层背后的 4 个面，然后将其挤出，参数设为"15"。

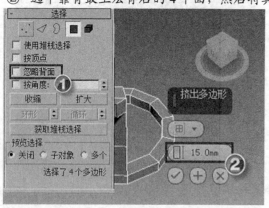 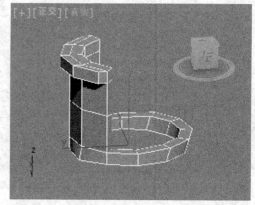

图6-27　挤压"靠背"

(5)　调整"靠背"，如图 6-28 所示。

①　选择【顶点】子层级，并选择【忽略背面】复选项。

②　选中靠背中间的 5 个顶点，使用【移动】工具将其沿 x 轴移动，使靠背的中部略微收缩。

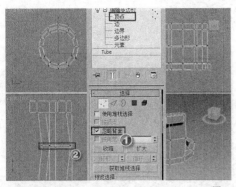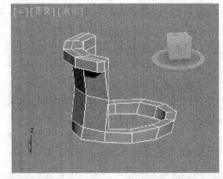

图6-28　调整"靠背"

2.　制作椅子腿

(1)　挤出椅子腿，如图6-29所示。

①　选择【多边形】子层级，并选择【忽略背面】复选项。

②　选中管状体下方的4个多边形面，并将它们挤出"80"。

③　选中右下方的椅子腿，右键单击 ⊞ 按钮，在弹出的【移动变换输入】对话框中设置【X】、【Z】的【偏移:世界】坐标均为"–10"，使椅子腿外倾。使用同样的方法使其他3条腿相对于椅子外倾。

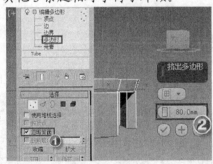

图6-29　挤出"椅子腿"

(2)　选中椅子腿底的4个面，再将其挤出"80"，如图6-30所示。

(3)　为椅子添加【网格平滑】修改器，如图6-31所示。

①　返回【编辑多边形】层级，在修改器列表中为椅子添加【网格平滑】修改器。

②　设置【迭代次数】值为"2"。

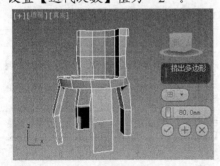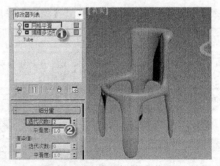

图6-30　挤出四面　　　　　　　　　　图6-31　添加【网格平滑】修改器

3.　制作坐垫，如图6-32所示。

(1)　进入【创建】面板的【几何体】选项卡，在下拉列表中选择【扩展基本体】选项。

(2) 单击 [油罐] 按钮，在椅子的中心位置创建一油罐物体。

(3) 设置油罐体参数，并适当调整其位置。

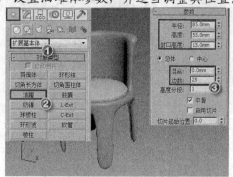
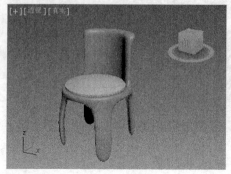

图6-32 制作"坐垫"

4. 按 Ctrl+S 组合键保存场景文件到指定目录，本案例制作完成。

6.3 掌握多边形建模技巧

多边形建模是一项细致耐心的工作，必须熟练使用多边形物体各个级别下的各种工具，并选择合理的设计参数。

6.3.1 基础知识——熟悉多边形建模中的基本工具

多边形物体在不同的级别下能实现的操作和基本工具都有所差异，下面分别对这些工具和参数的用法进行简要介绍。

一、 公共参数卷展栏

无论当前处于何种层级下，参数卷展栏中都具有相同的公共参数，主要包括【选择】和【软选择】两项，下面对其中常用参数作简要介绍。

(1) 【选择】卷展栏。

【选择】卷展栏的内容如图 6-33 所示，各主要选项的用法如表 6-1 所示。

图6-33 【选择】卷展栏

表 6-1 　　　　　　　　　　　【选择】卷展栏主要参数说明

参数	含义
（顶点）、 （边）、 （边界）、 （多边形）、 （元素）	这一组按钮分别表示 5 个层级，单击每个按钮可以进入相应的子对象层级进行编辑操作
按顶点	启用该项时，只有通过选择所用的顶点才能选择子对象，单击某顶点时将选中使用该顶点的所有对象（例如在【边】层级下单击选择某顶点，则可以选中与该顶点相连的所有边）。该功能在【顶点】层级下无效
忽略背面	启用该项后，选择子对象时将只影响朝向用户这一侧的对象，不影响其背侧的对象，否则将同时选中两侧对象，如图 6-34 所示 当在非透视视口中使用框选方式选择对象时必须明确是否启用了该功能

参数	含义
按角度	该功能只在【多边形】层级下有效，启用该项时，选择一个多边形会基于该复选项右侧设置的角度值大小同时选中相邻多边形，该值用于确定要选择的相邻多边形之间的最大角度
收缩	单击一次该按钮，可以在当前选择范围内减少一圈对象
扩大	与"收缩"相反，单击一次该按钮，选择范围向外扩大一圈
环形	只能在【边】和【边界】级别中使用。当选定一部分对象后，单击该按钮可以自动选中平行于该对象的其他对象，例如一个球面上与选定边同纬度的其他边
循环	只能在【边】和【边界】级别中使用。选定一部分对象后，单击该按钮可以自动选择与当前对象在同一曲线上的其他对象

(2) 【软选择】卷展栏。

【软选择】卷展栏的内容如图 6-35 所示，各主要选项的用法如表 6-2 所示。

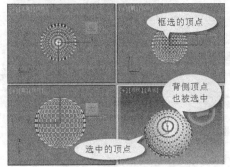

图6-34 【忽略背面】的应用

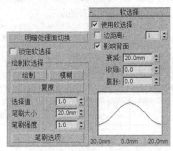

图6-35 【软选择】卷展栏

表 6-2 　　　　　　　　　　　　　【软选择】卷展栏主要参数说明

参数	含义
使用软选择	选中该复选项后，会将修改应用到选定对象周围未选定的其他对象上
边距离	选中该复选项后，会将软选择限定到指定的面数
影响背面	选中该复选项后，法线方向与选定子对象平均法线方向相反的、取消选择的面将会受到软选择的影响
衰减	用来定义软选择影响区域的距离，衰减值越高，衰减曲线越平缓，软选择的范围也越大
收缩	设置选择区域的"突出度"，沿着垂直方向升高或降低曲线的顶点，为负值时将形成凹陷
膨胀	设置选择区域的"丰满度"，沿垂直方向展开或收缩曲线
软选择曲线图	以图形方式显示"软选择"效果
锁定软选择	锁定当前选择，以防止被修改

在图 6-36 中，均只选中一个顶点，未启用软选择时，移动该顶点，周围顶点并不发生移动；启用软选择后，移动该顶点，周围顶点将跟随移动，距离选定顶点越近的顶点移动距离越大，距离选定顶点较远的顶点移动距离较小。

二、 子物体层级卷展栏

在选择不同的子物体层级时，相应的参数卷展栏也将有所不同，例如在【顶点】层级下有【编辑顶点】和【顶点属性】卷展栏；在【边】层级下有【编辑边】卷展栏。

(1) 【编辑几何体】卷展栏。

【编辑几何体】卷展栏下的工具适用于所有的子对象级别，如图 6-37 所示，主要用于对多边形物体进行全局性的修改，其主要参数用法如表 6-3 所示。

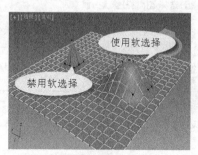

图6-36　软选择的应用

图6-37　【编辑几何体】卷展栏

表 6-3　　　　　　　　　　　　　【编辑几何体】卷展栏主要参数说明

参数	含义
重复上一个	单击该按钮可以重复使用上一次用过的命令
约束	使用现有几何体来约束子对象的变换，其中包含了 4 种约束方式
保持 UV	启用该选项后，在编辑子对象时不影响其 UV 贴图
（设置）	打开如图 6-38 所示的【保持贴图通道】对话框，指定要保持的贴图通道
创建	创建新的几何体
塌陷	将顶点与选择中心的顶点连接，使连续选定的子对象产生塌陷
附加	将场景中的其他对象加入到当前多边形网格物体中
分离	将选定的子对象作为单独的对象或元素分离出来
切片平面	用于沿某一平面分开网格物体
分割	可以使用 快速切片 工具和 切割 工具在划分边的位置处创建出两个顶点集合
切割	在一个或多个多边形上创建出新的边
网格平滑	使选定的对象产生平滑效果
细化	增加局部网格的密度，以方便对对象细节进行处理
平面化	强制所有选择的子对象共面
视图对齐	使视图中的所有顶点与活动视图所在的平面对齐
栅格对齐	使选定对象中的所有顶点与活动视图所在的平面对齐
隐藏选定对象	隐藏所选择的子对象
全部取消隐藏	取消对全部隐藏对象的隐藏操作，使对象可见
隐藏未选定对象	隐藏未被选中的所有子对象

(2) 【编辑顶点】卷展栏。

选中【顶点】层级后，将展开【编辑顶点】卷展栏，如图 6-39 所示，其主要参数用法如表 6-4 所示。

图6-38 【保持贴图通道】对话框

图6-39 【编辑顶点】卷展栏

表 6-4 【编辑顶点】卷展栏主要参数说明

参数	含义
移除	删除选定的顶点
断开	在与选定顶点相连的每个多边形上都创建一个新顶点，使得每个多边形在此位置都拥有独立的顶点
挤出	选中顶点后，按住鼠标左键并拖曳鼠标指针可以手动对其进行挤出操作，形成凸起或凹陷的结构，如图 6-40 所示。单击 挤出 按钮右侧的□按钮，可以在弹出的对话框中设置详细的参数
焊接	选择需要焊接的顶点后，单击 焊接 按钮可以将其焊接到一起。单击□按钮，在打开的对话框中设置阈值（焊接顶点间的最大距离）大小，在此距离内的顶点都将焊接到一起，如图 6-41 所示
切角	单击该按钮后，可以拖动选定点进行切角处理，如图 6-42 所示。单击□按钮，可以在弹出的对话框中设置详细的参数
目标焊接	用于焊接成对的连续顶点，选择一个顶点将其焊接到相邻的目标顶点。单击一个顶点后将出现一条目标线，选取一个相邻顶点即可
连接	在选定顶点之间创建新边，如图 6-43 所示
移除孤立顶点	删除所有不属于任何多边形的顶点
移除未使用的贴图顶点	移除所有没有使用的贴图顶点

选定顶点后，按键盘上的 Delete 键可以删除该顶点，这会在网格中留下一个空洞。而移除顶点则不同，删除顶点后并不会破坏表面的完整性，顶点周围会重新接合起来形成多边形，如图 6-44 所示。

图6-40 挤出操作

图6-41 焊接操作

图6-42　切角操作

图6-43　连接操作

图6-44　删除与移除的区别

【编辑几何体】卷展栏中的"塌陷"工具与【编辑顶点】卷展栏中的"焊接"工具用法类似，但是"塌陷"工具不需要设置"阈值"就可以实现类似于"焊接"的操作。

（3）【编辑边】卷展栏。

选中【边】层级后，将展开【编辑边】卷展栏，如图 6-45 所示，其中常用工具用法如表 6-5 所示。

图6-45　【编辑边】卷展栏

表 6-5　　　　　　　　　　　　　【编辑边】卷展栏主要参数说明

参数	含义
插入顶点	在选定边上插入顶点，进一步细分该边，如图 6-46 所示
移除	删除选定边并将剩余边线组合为多边形
分割	沿指定边分割网格，网格在指定边线处分开
桥	使用多边形的"桥"连接对象的边。"桥"只连接边界边，选中两边后，将在其间创建类似"桥"的曲面，如图 6-47 所示
连接	在选定边之间创建新边，如图 6-48 所示
编辑三角形	用于修改绘制内边或对角线时多边形细分为三角形的方式
旋转	用于通过单击对角线修改多边形细分为三角形的方式

图6-46　【插入顶点】操作

图6-47　桥操作

图6-48　连接操作

（4）【编辑边界】卷展栏。

选中【边界】层级后，展开【编辑边界】卷展栏，如图 6-49 所示，其中常用工具用法如表 6-6 所示。

图6-49　【编辑边界】卷展栏

表 6-6　　　　　　　　　　　　　　　　【编辑边界】卷展栏主要参数说明

参数	含义
挤出	对选定边界进行手动挤出操作，如图 6-50 所示
插入顶点	在选定边界上添加顶点
切角	对选定边界进行切角操作，如图 6-51 所示
封口	使用单个多边形封住整个边界，如图 6-52 所示

图6-50　挤出操作

图6-51　切角操作

图6-52　封口操作

(5)　【编辑多边形】卷展栏。

选中【多边形】层级后，展开【编辑多边形】卷展栏，如图 6-53 所示，其中常用工具用法如表 6-7 所示。

图6-53　【编辑多边形】卷展栏

表 6-7　　　　　　　　　　　　　　　　【编辑多边形】卷展栏主要参数说明

参数	含义
轮廓	用于增大或减小选定多边形的外边轮廓尺寸，如图 6-54 所示
倒角	对选定的多边形进行手动倒角操作，如图 6-55 所示
插入	在选定的多边形平面内执行插入操作，如图 6-56 所示
翻转	翻转选定多边形的法线方向

图6-54　轮廓操作

图6-55　倒角操作

图6-56　插入操作

(6)　【编辑元素】卷展栏。

选中【元素】层级后，将展开【编辑元素】卷展栏，其中大部分工具与前面 5 种层级下的同名工具用法类似。

6.3.2　范例解析——制作"水晶鞋"

本案例将使用多边形建模方式来制作一双精美的水晶高跟鞋，案例制作完成后的效果如图 6-57 所示。

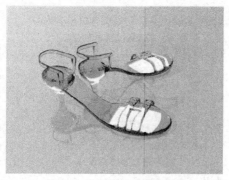

图6-57　"水晶鞋"最终效果图

【设计思路】

- 创建长方体作为基础形体，将其转换为可编辑多边形。
- 在【顶点】层级下调整鞋体的大致轮廓。
- 在【边】和【多边形】层级下使用"移除"和"倒角"等工具制作鞋跟。
- 在【边】层级下使用"连接"和"切角"等工具制作鞋面。
- 在【多边形】层级下使用"插入"和"挤出"等工具制作鞋带。

【步骤提示】

1.　制作鞋底。

(1)　创建长方体，如图 6-58 所示。

①　在【创建】面板中单击　长方体　按钮。

②　在【顶视图】中绘制一个矩形，设置矩形参数。

③　设置矩形坐标参数。

(2)　转换为可编辑多边形，如图 6-59 所示。

①　选中绘制的矩形。

②　单击鼠标右键，选择【转换为】/【转换为可编辑多边形】命令。

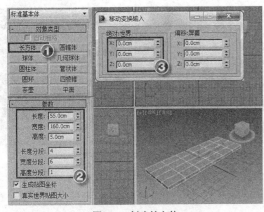

图6-58　创建长方体

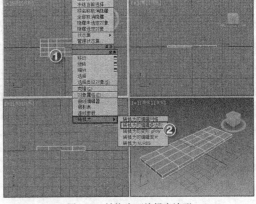

图6-59　转换为可编辑多边形

(3) 调整鞋底外形，如图 6-60 所示。

① 选中【顶点】子层级。

② 单独框选各处顶点，按 W 键对其位置进行调整。

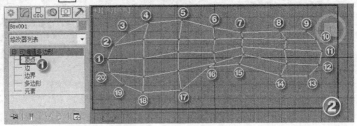

图6-60　调整鞋底外形

要点提示 鞋的外形可根据个人喜好进行调整，但大体结构应与图中相同，特别是鞋后跟处。表 6-8 所示为图中外轮廓各点的 x 轴和 y 轴坐标值供读者参考，里面各点需配合外轮廓点进行适当调整。

表 6-8　　　　　　　　　　　鞋外轮廓各点的 x 轴和 y 轴坐标参考值

序号	(x,y) 轴	序号	(x,y) 轴	序号	(x,y) 轴
（1）	(-80.392,-0.732)	（2）	(-75.712,9.607)	（3）	(-65.447,18.886)
（4）	(-49.594,26.145)	（5）	(-24.181,28.377)	（6）	(-1.118,22.545)
（7）	(20.296,18.662)	（8）	(48.852,19.741)	（9）	(68.635,19.541)
（10）	(75.959,13.347)	（11）	(80.315,4.562)	（12）	(78.496,-5.611)
（13）	(70.341,-13.564)	（14）	(49.099,-13.499)	（15）	(18.736,-4.62)
（16）	(-4.822,-6.776)	（17）	(-25.034,-23.51)	（18）	(-53.983,-25.174)
（19）	(-68.586,-19.273)	（20）	(-78.642,-10.389)		

(4) 调整鞋后跟位置，如图 6-61 所示。

① 框选鞋后跟处的顶点，在【前视图】中向上移动 35 个单位。

② 框选中间顶点，调整其位置。

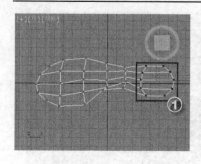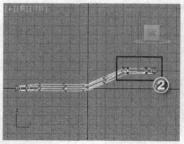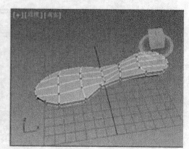

图6-61 调整鞋后跟位置

2. 制作鞋跟。

(1) 删除多余线段，如图 6-62 所示。

① 选中【边】子层级。

② 框选鞋跟内部的线段。

③ 单击 移除 按钮进行删除。

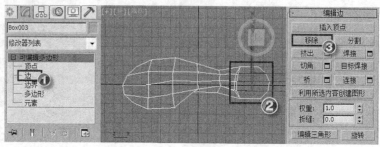

图6-62 删除多余线段

(2) 挤出鞋跟 1，如图 6-63 所示。

① 选中【多边形】子层级。

② 选中鞋跟下侧的面。

③ 单击 倒角 按钮后的□按钮。

④ 设置倒角参数。

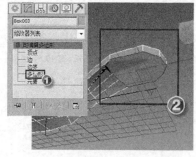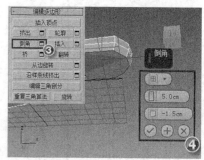

图6-63 挤出鞋跟 1

要点提示 在进行多边形编辑时，可按 F4 键进入边面显示状态，从而方便选择操作。

(3) 挤出鞋跟 2，如图 6-64 所示。

① 单击 倒角 按钮后的□按钮。

② 设置倒角参数。

（4）挤出鞋跟 3，如图 6-65 所示。

① 单击 倒角 按钮后的 □ 按钮。

② 设置倒角参数。

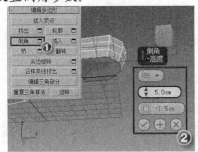

图6-64 挤出鞋跟 2

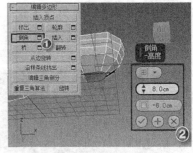

图6-65 挤出鞋跟 3

（5）调整顶点位置，如图 6-66 所示。

① 选中【顶点】子层级。

② 在【顶视图】中对内部各个顶点的位置进行调整。

（6）挤出鞋跟 4，如图 6-67 所示。

① 选择【多边形】子层级。

② 单击 倒角 按钮后的 □ 按钮。

③ 设置倒角参数。

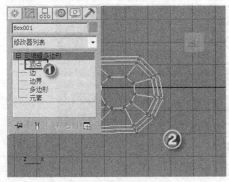

图6-66 调整顶点位置

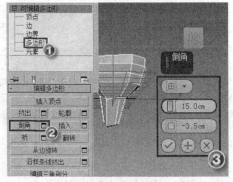

图6-67 挤出鞋跟 4

（7）挤出鞋跟 5，如图 6-68 所示。

① 单击 挤出 按钮后的 □ 按钮。

② 设置挤出参数。

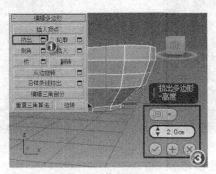

图6-68 挤出鞋跟 5

3.制作鞋面。

(1)　新增连线，如图 6-69 所示。

①　选中【边】子层级。

②　按住 Ctrl 键不放，选前后两条边。

③　单击 连接 按钮新增一条连线。

④　按 W 键调整其位置。

图6-69　新增连线 1

(2)　新增连线 2，如图 6-70 所示。

①　按住 Ctrl 键不放，选中外侧两条边。

②　单击 连接 按钮新增一条连线。

③　查看设计结果。

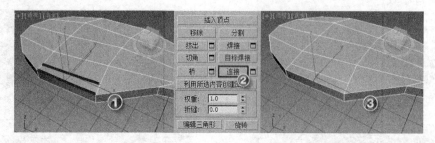

图6-70　新增连线 2

(3)　对边进行切角，如图 6-71 所示。

①　单击 切角 按钮后的□按钮。

②　设置切角参数。

(4)　在另一侧也创建出需要的边线，最后获得的设计效果如图 6-72 所示。

图6-71　对边进行切角

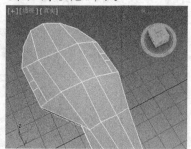

图6-72　在另一侧创建边线

(5)　选中需要调整的面，如图 6-73 所示。

① 选中【多边形】子层级。

② 配合 Ctrl 键选中需要调整的面。

(6) 进行旋转挤出 1，如图 6-74 所示。

① 单击 从边旋转 按钮后的 □ 按钮。

② 单击 拾取转枢 按钮，选中内侧第 1 条线段，设置【角度】和【分段】参数。

图6-73　对边进行切角　　　　　　　　　　　　图6-74　进行旋转挤出 1

(7) 对另一侧相对应的面也进行旋转挤出，最后获得的设计效果如图 6-75 所示。

(8) 对挤出鞋面进行桥连接，如图 6-76 所示。

配合 Ctrl 键选中相对的两个面，单击 桥 按钮后的 □ 按钮，设置桥连接参数。

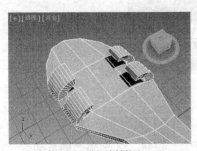
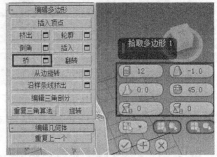

图6-75　进行旋转挤出 2　　　　　　　　　　图6-76　对挤出鞋面进行桥连接 1

(9) 对另一条鞋面也进行桥连接，最后获得的设计效果如图 6-77 所示。

(10) 在两条鞋面之间也进行桥连接，最后获得的设计效果如图 6-78 所示。

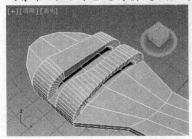
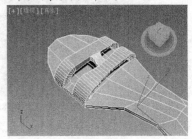

图6-77　对挤出鞋面进行桥连接 2　　　　　　图6-78　对挤出鞋面进行桥连接 3

4.制作鞋跟鞋带。

(1) 向内挤出鞋带轮廓面，如图 6-79 所示。

① 选中【多边形】子层级。

② 选中鞋跟上侧的面，单击 插入 按钮后的 □ 按钮。

③ 设置插入参数。

(2) 向上复制鞋带面，如图 6-80 所示。

① 选中后半圈轮廓面

② 按住 Shift 键不放，将选中的面向上移动 20 个单位。

③ 选中【克隆到元素】单选项。

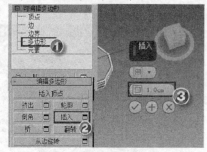

图6-79 向内挤出鞋带轮廓面

图6-80 向上复制鞋带面

(3) 挤出鞋带，如图 6-81 所示。

① 单击 挤出 按钮后的□按钮。

② 设置挤出参数。

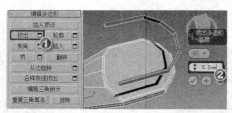

图6-81 挤出鞋带

(4) 旋转挤出鞋带端面，如图 6-82 所示。

① 选中鞋带端面。

② 单击 从边旋转 按钮后的□按钮，单击 拾取转枢 按钮，选中端面的底边。

③ 设置【角度】和【分段】参数。

图6-82 旋转挤出鞋带端面 1

(5) 对另一侧端面也进行旋转挤出，最后获得的设计效果如图 6-83 所示。

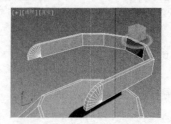

图6-83 旋转挤出鞋带端面 2

(6) 向下挤出鞋带端面，如图 6-84 所示。

① 配合 Ctrl 键同时选中鞋带两侧端面。

② 单击 挤出 按钮后的 □ 按钮。

③ 设置挤出参数。

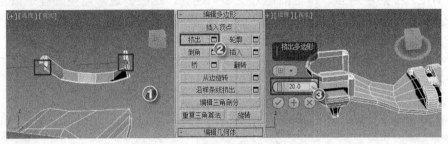

图6-84　向下挤出鞋带端面

(7) 调整鞋带外形，如图 6-85 所示。

选中【顶点】子层级，对鞋带外形进行适当调整。

(8) 进行平滑处理。为对象添加【网格平滑】修改器，效果如图 6-86 所示。

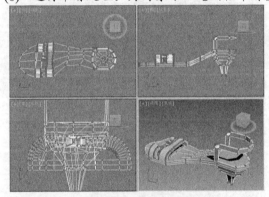

图6-85　调整鞋带外形

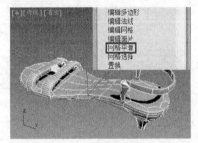

图6-86　进行平滑处理

(9) 镜像克隆出另一只鞋，如图 6-87 所示。

① 在工具栏中单击 □ 按钮。

② 在【镜像轴】分组框中选中【Y】单选项。

③ 设置【偏移】参数为 "–55"。

④ 在【克隆当前选择】分组框中选中【实例】单选项

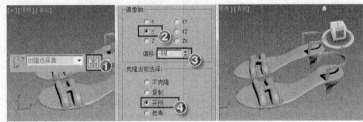

图6-87　镜像克隆出另一只鞋

(10) 按 Ctrl + S 组合键保存场景文件到指定目录，本案例制作完成。

6.4　知识拓展——软选择的使用

软选择可以将当前选择的子层级的作用范围向四周扩散，当进行变换的时候，离原选择集越近的地方受影响越强，越远的地方受影响越弱。这在多边形建模过程中通常应用较多，下面介绍其使用方法。

1. 进入【可编辑多边形】的【顶点】子层级。
2. 展开【软选择】卷展栏，选择【使用软选择】复选项。
3. 选择需要进行调整的顶点。
4. 对顶点进行调整。

最后获得的设计效果如图 6-88 所示。

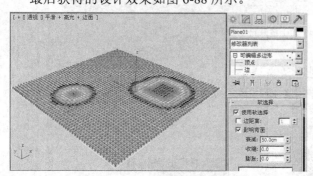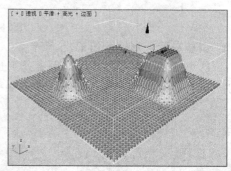

图6-88　使用软选择

要点提示 通过调整【衰减】、【收缩】和【膨胀】参数，可改变受影响的范围。

6.5　习题

1. 怎样将对象转换为可编辑多边形？
2. 多边形物体在顶点层级下，可以实现哪些主要操作？
3. 多边形物体在元素层级下，可以实现哪些主要操作？
4. 可编辑多边形有哪些子层级，在每个层级下有哪些工具可以使用？
5. 【网格平滑】修改器在多边形建模中有何用途？

第7章 材质与贴图

【学习目标】
- 明确材质与贴图的用途。
- 掌握材质编辑器的用法。
- 明确通过贴图通道设置材质属性的方法。
- 明确常用材质的用法。

材质可以模拟真实物体的表面特性，如色彩、纹理和透明度等，而贴图主要是模拟物体表面的纹理和凹凸效果。利用好材质与贴图可以真实地模拟物体表面的特性，增加模型的视觉冲击力，从而制作出更加生动和逼真的模型。

7.1 使用材质编辑器

材质编辑器（Material Editor）是 3ds Max 2014 中创建、调整和指定材质的窗口，它以浮动面板的形式出现。在制作案例之前，先认识一下材质编辑器。

7.1.1 基础知识——认识材质编辑器

真实世界中的物体都具有自身的表面属性，例如玻璃的透明性、金属的光泽以及木材的不同纹理等。在 3ds Max 中创建好模型后，可以通过材质编辑器来准确、逼真地表现物体的颜色、光泽和质感，如图 7-1 所示。

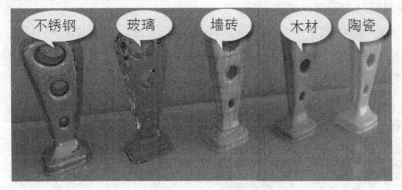

图7-1 材质应用示例

一、材质编辑器

选择菜单命令【渲染】/【材质编辑器】/【精简材质编辑器】，或按 M 键打开【Slate 材质编辑器】窗口，选取菜单命令【模式】/【精简材质编辑器】，均可打开【材质编辑器】窗口，它主要分为示例窗、工具按钮组和参数控制区 3 大部分，如图 7-2 所示。

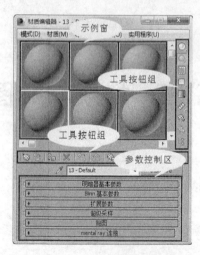

图7-2 【材质编辑器】窗口

二、 示例窗

示例窗用于显示材质的调节效果，每当参数发生改变，修改后的效果就会反映到示例球上。

(1) 空白材质球。

打开【材质编辑器】，其中包含 6 个空白材质球，这些材质球通常为深灰色，既没有被选中，也未被应用到某个特定模型上，其周围以黑色边框显示。

(2) 激活的材质。

用鼠标左键单击一个示例球，将其激活，激活的示例球周围会以白色边框显示，材质被激活后即可对其进行各种编辑操作。

(3) 被应用的材质。

将材质球的参数设置好后，即可将其指定给特定的模型，从而成为被应用的材质，已经指定给模型的示例球的 4 角有三角形符号。对该类材质进行编辑操作时，材质的改变会即时显示在其关联的模型上。

以上 3 种材质球的示例如图 7-3 所示。

 在任意一个示例球上单击鼠标右键都会弹出如图 7-4 所示的快捷菜单，可以对示例球的显示状态进行控制，例如对示例球进行复制、旋转或放大等操作。选取菜单底部的选项还可以设置示例窗中材质球的数量。

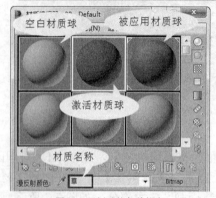

图7-3 示例球的各种状态

图7-4 鼠标右键快捷菜单

三、 工具按钮

围绕示例窗的纵横两排工具按钮组用来进行各种控制操作。纵排工具针对示例窗中的显示效果，横排工具为材质的应用操作和层级跳跃，常用工具按钮的功能如图 7-5 所示。

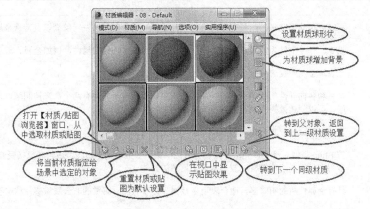

图7-5　常用的工具按钮

四、 参数控制区

【材质编辑器】窗口下部是参数控制区，根据材质类型的不同以及贴图类型的不同，其内容也不同。以标准材质为例，比较常用的有【明暗器基本参数】卷展栏、【Blinn 基本参数】卷展栏和【贴图】卷展栏，如图 7-6 所示。

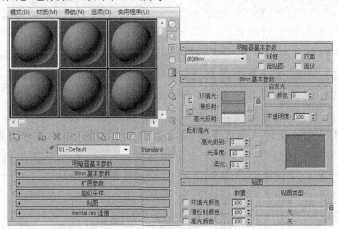

图7-6　常用参数卷展栏

(1) 【明暗器基本参数】卷展栏。

主要用于选择明暗器类型，如图 7-7 所示。使用不同的明暗器可充分表现现实或超现实物体的各种特性。

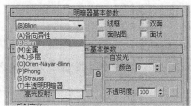

图7-7　明暗器类型

各种明暗器的功能如表 7-1 所示。

表 7-1　　　　　　　　　　　　　各种明暗器的功能

明暗器	功能
各向异性	可以表现非正圆形的、具有方向性的高光区域，适合制作头发、丝绸以及特殊金属等材质
Blinn	是 3ds Max 中最为常用的明暗器，它可以表现出多种物体的属性，例如金属、玻璃、泥土等
金属	在表现金属属性时具有显著的效果
多层	具有和各向异性明暗器类似的性质；最明显的不同在于其拥有两个高光控制区，通过高光区的分层，可以创建效果更加丰富的特效
Oren-Nayar-Blinn	其反射区域的分布比较广泛，适合制作黏土和陶土材质
Phong	与 Blinn 类似，都是以光滑方式进行表面渲染，参数也完全相同。适合表现接受光线强而薄的物体，多用于制作光滑的塑料、玻璃等人工质感的物体
Strauss	具有金属性质的明暗器，适合表现像金属一样带有沉重感觉的非金属质感，如矿石、礁石等
半透明明暗器	不仅可以表现半透明材质效果，还可以让对象的背面也产生透视性的影响，可以模拟玉石、蜡烛以及被霜覆盖或被侵蚀的玻璃

 【Blinn】和【Phong】的对比：【Blinn】高光点周围的光晕是旋转混合的；而【Phong】是发散混合的。背光处【Blinn】的反光点形状近似圆形，清晰可见；【Phong】的反光点形状则为梭形，影响周围区域较大。增加【柔化】参数值后，【Blinn】的发光点仍保持尖锐；而【Phong】则趋向于均匀柔和。

(2)　【Blinn 基本参数】卷展栏。

主要控制对象的高光、固有色和阴影效果，从而控制物体接受光线的影响情况。

- 【环境光】：可设置场景中对象阴影部分的颜色。
- 【漫反射】：可设置样本球的基本颜色或贴图。
- 【高光反射】：可设置样本球表面高光反射区域的颜色。
- 【自发光】：可设置漫反射颜色的发光强度，主要用来模拟灯等会发光的物体。
- 【不透明度】：可设置样本球的透明程度，值越小越透明。
- 【高光级别】：可设置样本球表面高光的强度。
- 【光泽度】：可设置样本球表面的高光分布区域。
- 【柔化】：可设置漫反射和高光反射区域边界的柔化程度。

(3)　【贴图】卷展栏。

主要用于设置贴图方式，在不同的贴图通道中使用不同的贴图类型，可使物体在不同的区域产生不同的贴图效果。

7.1.2　范例解析——制作"可口苹果"

"可口苹果"主要通过对标准材质各种贴图通道进行搭配来体现苹果丰富的颜色表面，渲染效果如图 7-8 所示。

图7-8 "可口苹果"最终设计效果

【设计思路】

- 获取苹果三维模型。
- 为苹果设置渐变颜色。
- 为苹果表面设置凹凸效果。

【操作步骤】

1. 设置材质类型，如图 7-9 所示。
(1) 打开附盘文件"素材\第 7 章\苹果\apple.max"，如果弹出【文件加载:单位不匹配】对话框，单击 确定 按钮即可。
(2) 选中场景中的"apple"对象，按 M 键，打开【材质编辑器】窗口，然后对"apple"对象赋予一个空白材质球，并命名为"apple"。
(3) 单击 Arch & Design (mi) 按钮。
(4) 在【材质/贴图浏览器】对话框中选中【标准】选项，然后单击 确定 按钮。

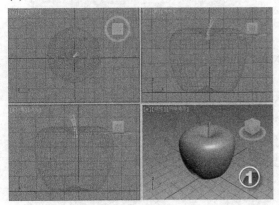

图7-9 创建材质

2. 设置苹果表面的渐变颜色，如图 7-10 和图 7-11 所示。
(1) 在【明暗器基本参数】卷展栏中将阴影模式定义为【(A)各向异性】。
(2) 在【各向异性基本参数】卷展栏中将【反射高光】分组框中的【高光级别】设置为"60"、【光泽度】设置为"30"、【各向异性】设置为"0"。
(3) 打开【贴图】卷展栏，单击【漫反射颜色】通道右侧的 无 按钮。
(4) 在【材质/贴图浏览器】对话框中双击【渐变】选项。
(5) 在【渐变参数】卷展栏中设置【颜色#1】RGB值为"150、190、80"。

(6) 设置【颜色#2】RGB 值为 "210"、"30"、"15"，【颜色#3】RGB 值与【颜色 #2】相同。

(7) 设置噪波【数量】为 "0.7"，【大小】为 "6.0"。

(8) 打开【坐标】卷展栏，取消对【使用真实世界比例】复选项的选择状态，设置【瓷 砖】为 "1.0"、"1.0"，并选择【U】方向的【镜像】复选项，然后单击 按钮，返 回上一级材质面板。

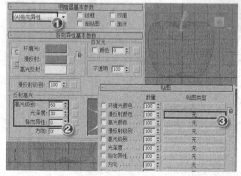
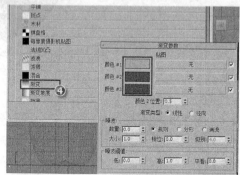

图7-10 设置苹果表面的渐变颜色 1

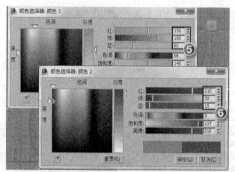
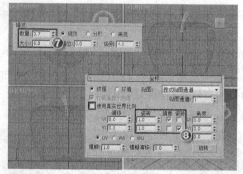

图7-11 设置苹果表面的渐变颜色 2

3. 设置苹果表面的凹凸效果，如图 7-12 所示。

(1) 在【贴图】卷展栏中设置【凹凸】参数为 "6"，并单击通道右侧的 无 按钮。

(2) 在【材质/贴图浏览器】对话框中双击【噪波】选项。

(3) 在【噪波参数】卷展栏中设置噪波【大小】为 "120.0"，然后单击 按钮，返回上一 级材质面板，单击 按钮，即可在视口中显示标准贴图。

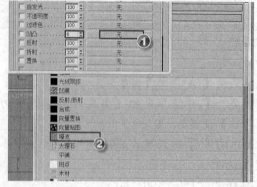
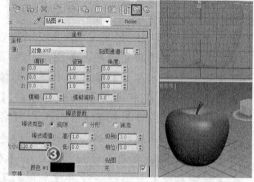

图7-12 设置苹果表面的凹凸效果

7.2 常用材质的使用

通过【材质编辑器】设置相应类型的材质参数，可以制作出许多材质效果，如金属、玻璃、陶瓷、泥土及布料等，以达到对真实世界的完全模拟。

7.2.1 基础知识——认识材质类型

在【材质编辑器】窗口中单击 Standard 按钮，打开【材质/贴图浏览器】对话框，在该对话框中不仅可以浏览和选择各种类型的材质和贴图，还可以保存和提取材质库文件，如图7-13 所示。

用户在选择材质类型时应该根据要尝试建模的内容和希望获得的模型精度（在真实世界、物理照明方面）来选择材质。常用的材质类型有以下几种。

(1) mental ray。

mental ray 是 3ds Max 2014 默认的材质类型，它必须与【mental ray】渲染器一起使用。它包括 mental ray 材质、DGS 材质和 Glass 材质。

(2) 标准材质。

标准材质是平时使用最为频繁的材质类型，如果掌握了标准材质各个参数的含义和设置方法，再去学习其他的材质类型就轻而易举了。标准材质用一种简单、直观的方式来描述模型表面的属性。

图7-13 【材质/贴图浏览器】对话框

(3) 光线跟踪材质。

光线跟踪材质是一种比较高级的材质类型，它不仅包括了标准材质所具有的全部特性，还可以创建真实的反射和折射效果，并且还支持颜色、浓度、半透明及荧光等其他特殊效果，主要用于制作玻璃、液体和金属材质。

(4) 卡通材质。

卡通材质即 "Ink' n Paint" 材质，专门用来创建与卡通相关的效果。它特有的"墨水"边界，可以创建二维平面绘图效果。

(5) 建筑材质。

建筑材质具有真实的物理属性，与光学灯光和光能传递渲染器配合可以得到逼真的材质效果。建筑材质可以使用"光能传递"或"光跟踪器"的"全局照明"进行渲染，适合制作建筑效果，例如木头、石头、玻璃和水等。

(6) 混合材质。

混合材质可以在物体表面上将两种不同的材质进行混合，它的最大特点是可以控制同一个对象在具体位置上实现两种截然不同的效果，还能制作材质变换动画。

(7) 虫漆材质。

虫漆材质可以混合两种材质，并叠加两种材质中的颜色。其中叠加的材质成为"虫漆"材质，被叠加的材质成为基本材质。

(8) 合成材质。

141

合成材质是包含【基础材质】在内的，能够复合 10 种材质的材质类型。它不仅能够将多种材质合到一起，还可以合成动画。但它不能像混合材质一样混合材质的范围和位置。

(9) 多维/子对象材质。

多维/子对象材质可以为几何体的子对象级别分配不同的材质。赋予物体多维材质时，可以使用【网格选择】修改器选中面，然后将多维材质中的子材质赋予选中的面，如果物体是可编辑多边形或可编辑网格，可以直接在材质编辑器中拖曳子材质到选择的面，还可以对多边形面设置不同的 ID 号，使用指定 ID 号的方法赋予材质。

(10) 顶/底材质。

它可以为物体指定两种不同的材质，一个材质位于模型的顶部，另一个材质位于模型的底部，中间交界处可以产生过渡效果。

(11) 双面材质。

双面材质可以在物体的内、外表面分别指定两种不同类型的材质，这样就可以使多边形的正、反两面具有不同的材质效果。

7.2.2 范例解析——制作"浴室"效果

本案例将使用"上光瓷砖"和"上光陶瓷"材质模板并通过设置制作出浴室中的各种石材材质，效果如图 7-14 所示。

图7-14 "浴室"最终效果

【设计思路】
- 制作并应用"玻化砖"地面材质。
- 制作并应用"马赛克"材质。
- 制作并应用"毛石"材质。
- 制作并应用"扣板"和"陶瓷"材质。

【操作步骤】
1. 制作"玻化砖"地面材质。
(1) 打开制作模板。
① 打开附盘文件"素材\第 7 章\浴室效果\浴室效果.max"，如图 7-15 所示。
② 场景中设置了全局照明效果。
③ 场景中为除"陶瓷器件"、"毛石"、"地面"、"天花"和"马赛克"以外的物体设置了材质。

④　场景中创建了一架摄像机，用于对场景进行特写渲染。

(2)　创建"玻化砖"材质，如图 7-16 所示。

①　按 Ⓜ 键打开【材质编辑器】窗口，选中一个空白材质球，重命名为"玻化砖"。

②　设置当前使用的材质类型为【Arch & Design】。

③　单击 ▦ 按钮添加材质球环境。

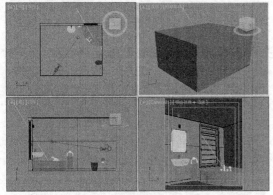

图7-15　打开设计模板

图7-16　创建"玻化砖"材质

(3)　设置"玻化砖"材质，如图 7-17 所示。

①　在【模板】卷展栏中的设置材质类型为【上光瓷砖】。

②　在【主要材质参数】卷展栏中单击【漫反射】/【颜色】右边的 Ⓜ 按钮，进入【Tiles】通道。

③　在【高级控制】卷展栏中设置【水平数】值为"2"、【垂直数】值为"2"。

④　设置【纹理】的贴图为附盘文件"素材\第 7 章\浴室效果\地砖（5）.JPG"。

⑤　单击 ▦ 按钮返回"玻化砖"层级，设置【光泽采样数】为"15"。

(4)　设置"玻化砖"材质特殊效果参数，如图 7-18 所示。

①　在【特殊效果】卷展览中选择【环境光阻挡】复选项。

②　设置【采样】值为"30"和【最大距离】值为"210"。

③　选择【使用其他材质的颜色（准确的 AO）】复选项。

④　在【特殊用途贴图】卷展栏中设置【凹凸】值为"−0.9"。

⑤　选中场景中的"地面"对象，单击 ▦ 按钮将"玻化砖"材质赋予"地面"对象。

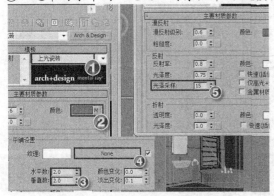

图7-17　设置"玻化砖"材质

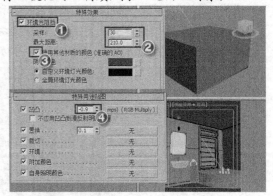

图7-18　设置"玻化砖"材质特殊效果参数

2.　制作并应用"马赛克"材质。

(1) 创建"马赛克"材质，如图 7-19 和图 7-20 所示。

① 选中一个空白材质球，将材质重命名为"马赛克"。

② 在【模板】卷展栏中设置材质类型为【上光瓷砖】。

③ 在【主要材质参数】卷展栏中设置【漫反射】/【颜色】贴图。

④ 单击 ▼ 按钮，设置标准控制的预设类型。

⑤ 展开【高级控制】卷展栏，设置平铺参数。

⑥ 展开【斑点参数】卷展栏，设置颜色参数。

⑦ 返回"马赛克"材质层级，设置【特殊用途贴图】卷展栏的【凹凸】值为"–0.6"。

⑧ 设置【特殊效果】参数。

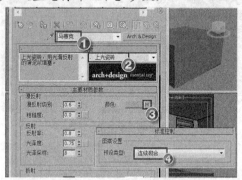
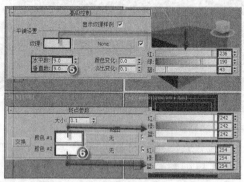

图7-19　创建"马赛克"材质 1

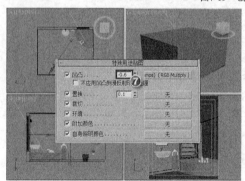
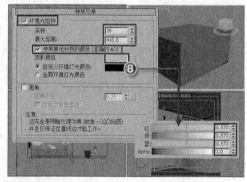

图7-20　创建"马赛克"材质 2

(2) 赋予对象"马赛克"材质，如图 7-21 所示。

　　选中场景中的"马赛克"对象，单击 按钮将"马赛克"材质赋予"马赛克"对象，单击 按钮开启显示对象标准材质贴图功能。

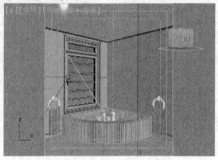

图7-21　赋予对象"马赛克"材质

3.　制作"毛石"材质。

(1)　创建"毛石"材质，如图 7-22 所示。

①　选中一个空白材质球，将材质重命名为"毛石"。

②　在【模板】卷展栏中,设置材质类型为【上光瓷砖】。

③　在【主要材质参数】卷展栏中单击【颜色】右边的 M 按钮，进入【Tiles】层级。

④　单击 Tiles 按钮打开【材质/贴图浏览器】。

⑤　双击【贴图】/【标准】中的【位图】选项，打开【选择位图图像文件】对话框。

⑥　打开附盘文件"素材\第 7 章\浴室效果\maps\墙砖.jpg"，双击添加贴图文件。

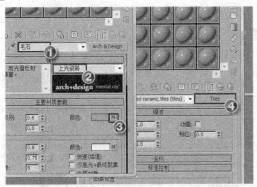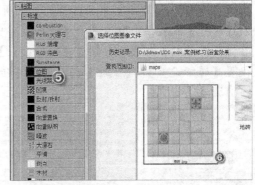

图7-22　创建"毛石"材质

(2)　设置"毛石"材质参数，如图 7-23 所示。

①　单击 按钮返回"毛石"材质层级，用鼠标右键单击【漫反射】/【颜色】右边的 M 按钮，在弹出的快捷菜单中选择【复制】命令。

②　用鼠标右键单击【反射】/【颜色】右边的 M 按钮，在弹出的快捷菜单中选择【粘贴(实例)】命令。

③　设置反射参数。

(3)　赋予对象"毛石"材质，如图 7-24 所示。

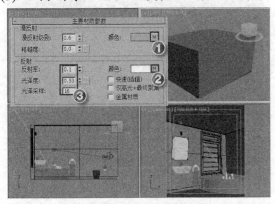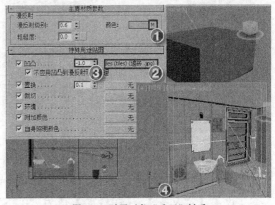

图7-23　设置"毛石"材质参数　　　　图7-24　赋予对象"毛石"材质

①　用鼠标右键单击【漫反射】/【颜色】右边的 M 按钮，在弹出的快捷菜单中选择【复制】命令。

②　用鼠标右键单击【特殊用途贴图】卷展览中【凹凸】右边的 mps) (RGB Multiply) 按钮，在弹出快捷菜单中选择【粘贴(实例)】命令。

③　设置【凹凸】值为"–1"。

④　选中场景中的"毛石"对象，单击 按钮将"毛石"材质赋予"毛石"对象，单击 按钮开启显示对象标准材质贴图功能。

4.　制作"扣板"和"陶瓷"材质。

(1)　创建"扣板"材质，如图 7-25 所示。

①　选中一个空白材质球，将材质重命名为"扣板"。

②　在【主要材质参数】卷展栏中单击【漫反射】/【颜色】右边的 按钮，打开【材质/贴图浏览器】对话框。

③　双击【贴图】/【标准】中的【平铺】选项，进入【Tiles】通道。

④　在【坐标】卷展栏中取消选择【使用真实世界比例】复选项。

⑤　在【高级控制】卷展栏中设置【平铺设置】/【纹理】的颜色及【平铺设置】参数。

⑥　设置【砖缝设置】/【纹理】的颜色及【砖缝设置】参数，单击 按钮返回"扣板"材质通道。

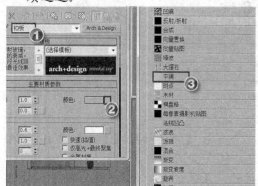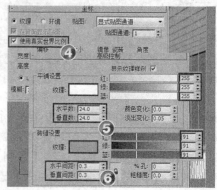

图7-25　创建"扣板"材质

(2)　设置"扣板"材质参数，如图 7-26 所示。

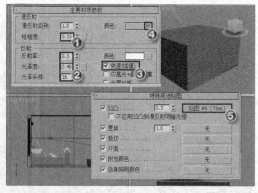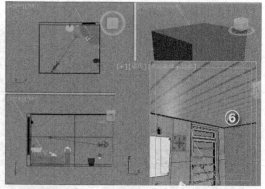

图7-26　设置"扣板"材质参数

①　设置【漫反射】/【粗糙度】值为"0.35"。

②　设置【反射】参数。

③　选择【快速(插值)】复选项。

④　用鼠标右键单击【漫反射】/【颜色】右边的 按钮，在弹出的快捷菜单中选择【复制】命令。

⑤ 用鼠标右键单击【特殊用途贴图】卷展览中【凹凸】右边的 贴图#6（Tiles），在弹出快捷菜单中选择【粘贴（实例）】命令。

⑥ 选中场景中的"天花板"对象，单击 按钮将"扣板"材质赋予"天花板"对象。

(3) 创建"陶瓷"材质，如图7-27所示。

① 选中一个空白材质球，将材质重命名为"陶瓷"。

② 在【模板】卷展栏中设置材质类型为【上光陶瓷】。

③ 在【主要材质参数】卷展栏中设置【漫反射】/【颜色】为"纯白"。

④ 设置【反射】/【光泽采样】值为"15"。

⑤ 选中场景中的"陶瓷器件"对象，单击 按钮将"陶瓷"材质赋予"陶瓷器件"对象。

图7-27 创建"陶瓷"材质

(4) 使用"Camera01"摄像机视图渲染，即可得到最终的浴室特写效果。

(5) 按 Ctrl+S 组合键保存场景文件到指定目录，本案例制作完成。

7.3 使用贴图

为模型指定材质实质上指定了物体的颜色、反光属性、透明度、粗糙和光滑程度等一系列表面属性，而贴图可以丰富材质的表现力，是一种重要的设计要素。

7.3.1 基础知识——熟悉贴图的相关知识

一个模型可以具有一种材质，也可以具有几种材质。贴图是可以附加在材质上并反映物体表面变化万千的纹理效果。

一、 认识贴图

使用贴图后，可以丰富材质的表现效果：除了改变模型表面纹理外，还可以改变反光、透明度、凹凸效果等。

(1) 贴图对材质的影响。

设置贴图后，原来材质的颜色将会受到影响，这时可以通过调节贴图的影响比例来控制最后的效果，如果设置贴图为100%，则原来的材质颜色将彻底失去作用，否则将显示材质和贴图的综合作用下的效果。

(2) 贴图坐标。

3ds Max 在对场景中的物体进行描述的时候，使用的是 *xyz* 坐标空间，但对于位图和贴图来说，使用的却是 *UVW*（分别与 *xyz* 对应）坐标空间。

(3)　*UVW* 坐标。

位图的 *UVW* 坐标表示贴图在不同方向上的缩放比例。图 7-28 所示为同一张贴图使用不同的坐标所表现出的 3 种不同效果。

UV 坐标　　　　　　　　　　　*VW* 坐标　　　　　　　　　　　*WU* 坐标

图7-28　不同坐标表现的不同贴图效果

 位图是由彩色像素的固定矩阵生成的图像，形状如马赛克。位图可以用来创建多种材质，从表面纹理到蒙皮、羽毛等细腻材质。还可以使用动画或视频文件代替位图来创建动画材质。

二、贴图参数

在默认情况下，每创建一个对象，系统都会为它制定一个基本的贴图坐标，该坐标可以通过贴图的【坐标】卷展栏进行调整，如图 7-29 所示。其主要参数用法如下。

- 【纹理】：将贴图作为纹理应用于模型表面。
- 【环境】：使用贴图作为环境贴图。
- 【偏移】：在 *U*（左右方向）*V*（上下方向）坐标中更改贴图位置，从而移动贴图位置。
- 【镜像】：在 *UV* 坐标方向镜像贴图。
- 【瓷砖】：将贴图类似"瓷砖"在 *UV* 坐标方向平铺，在文本框中设置平铺数量。
- 【角度】：设置贴图绕 *UVW* 坐标旋转的角度。

三、【UVW 贴图】修改器

当需要更好地控制贴图坐标时，可以单击 按钮进入【修改】面板，在【修改器列表】下拉列表中选择【UVW 贴图】修改器，为对象指定一个"*UVW* 贴图"坐标，然后在【参数】卷展栏中对贴图方式进行设置，如图 7-30 所示。

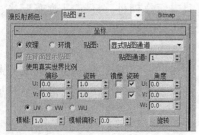 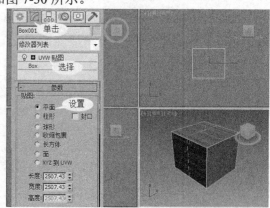

图7-29　【坐标】卷展栏　　　　　　　　　　　图7-30　添加【UVW 贴图】修改器

四、 贴图通道

在材质应用中，贴图的作用非常重要，3ds Max 提供了多种贴图通道，如图 7-31 所示，在不同的贴图通道中使用不同的贴图类型，可以产生不同的贴图效果。

3ds Max 2014 为标准材质提供了 12 种贴图通道，其功能如下。

图7-31　材质的贴图通道

- 【环境光颜色】贴图通道：在环境光的范围内产生纹理，环境光颜色是对象的阴影部分所显示的颜色。

- 【漫反射颜色】贴图通道：表现材质的纹理效果，相当于在物体表面绘制纹理，漫反射颜色就是当受到灯光照明时，物体表面显示的颜色。

- 【高光颜色】贴图通道：使贴图结果只作用于物体的高光部分，高光颜色是物体受到灯光照射后，表面高亮显示的颜色。

- 【高光级别】贴图通道：根据贴图的灰度值改变材质的高光亮度。贴图的白色部分会产生完全的高光亮度，黑色部分则不会产生高光。

- 【光泽度】贴图通道：根据贴图的灰度值决定高光出现的位置，贴图的黑色区域会产生高光效果。

- 【自发光】贴图通道：既可以根据贴图的灰度数值确定材质的自发光强度，也可以将贴图的颜色作为自发光的颜色。

- 【不透明度】贴图通道：利用图像的明暗度在物体表面产生透明效果，纯黑色的区域完成透明，纯白色的区域完全不透明，这是一种非常重要的贴图方式，可以为玻璃杯加上花纹图案。

- 【过滤色】贴图通道：用于过渡方式的透明材质，它可以根据贴图在过渡色表面进行染色，主要用于制作彩色玻璃效果。

- 【凹凸】贴图通道：可以根据贴图的灰度值来影响物体表面的光滑程度，使物体的表面呈现凹陷或凸起的效果。

- 【反射】贴图通道：常用来模拟金属、玻璃等光滑表面的光泽或镜子反射。当模拟对象表面光泽时，贴图强度不宜过大，否则反射将不自然。

- 【折射】贴图通道：用于模拟不同介质的折射效果，可制作玻璃、水晶或其他包含折射特性的透明材质。

- 【置换】贴图通道：可以根据贴图的灰度值改变模型表面多边形顶点的分布情况。

　贴图通道的【数量】参数值用于设置贴图通道的强度，贴图通道的强度越大，贴图作用的效果越明显。单击每个贴图通道后的 ▢　None 按钮即可打开【材质/贴图浏览器】对话框，为选定的通道添加贴图。

五、 常用贴图

3ds Max 2014 为用户提供了数十种贴图，这些贴图根据使用方法和贴图效果又分为 2D 贴图、3D 贴图以及混合贴图等类型。表 7-2 列出了常见的 2D 贴图和 3D 贴图的用法。

表 7-2   常见贴图类型的特点和用途

贴图类型	贴图方式	特点和用途	示例
2D 贴图	位图	通常在这里加载附盘中的位图贴图,这是最常用的的一种贴图	
	平铺	可以用来制作平铺图像,比如地砖	
	棋盘格	"棋盘格"贴图将两色的棋盘图案应用于材质,默认"棋盘格"贴图是黑白方块图案	
	Combustion	使用 Combustion 贴图,可以同时使用 Autodesk Combustion 软件和 3ds Max 以交互方式创建贴图。使用 Combustion 在位图上进行绘制时,材质将在【材质编辑器】和明暗处理视口中自动更新	
	渐变	从一种颜色到另一种颜色明暗效果渐变。为渐变指定两种或 3 种颜色后,3ds Max 将插补中间值	
	渐变坡度	可以产生多色渐变效果	
	漩涡	可以创建两种颜色的漩涡形效果	
3D 贴图	细胞	可以用来模拟细胞图案	
	凹痕	扫描线渲染过程中,"凹痕"根据分形噪波产生随机图案。图案的效果取决于贴图类型	
	衰减	"衰减"贴图基于几何体曲面上面法线的角度衰减来生成从白到黑的值	

续表

贴图类型	贴图方式	特点和用途	示例
3D 贴图	大理石	"大理石"贴图针对彩色背景生成带有彩色纹理的大理石曲面。将自动生成第 3 种颜色	
	噪波	"噪波"贴图是基于两种颜色或材质的交互创建曲面的随机扰动	
	粒子年龄	"粒子年龄"贴图用于粒子系统。通常可以将"粒子年龄"贴图指定为"漫反射颜色"贴图，或在"粒子流"中使用"材质动态"操作符指定	
	粒子运动模糊	"粒子运动模糊"贴图用于粒子系统。该贴图基于粒子的运动速率更改其前端和尾部的不透明度	
	斑点	它生成斑点的表面图案，该图案用于"漫反射颜色"贴图或"凹凸"贴图，以创建类似花岗岩的表面和其他图案的表面	
	灰泥	它生成一个曲面图案，以作为凹凸贴图来创建灰泥曲面的效果	
	烟雾	"烟雾"是生成无序、基于分形的湍流图案的 3D 贴图，主要用于设置动画的不透明度贴图，以模拟一束光线中的烟雾效果或其他云状流动效果	
	泼溅	它生成分形表面图案，该图案对于"漫反射颜色"贴图创建类似于泼溅的图案非常有用	
	波浪	"波浪"是一种生成水花或波纹效果的 3D 贴图。它生成一定数量的球形波浪中心并将它们随机分布在球体上	
	木材	此贴图将整个对象体积渲染成波浪纹图案。可以控制纹理的方向、粗细和复杂度	

7.3.2 范例解析——"香烟包装盒"

"香烟包装盒"主要以"多维/子对象"材质来对模型的 6 个面进行单独贴图，渲染效果如图 7-32 所示，6 张贴图面的组合效果如图 7-33 所示。

图7-32 "香烟包装盒"

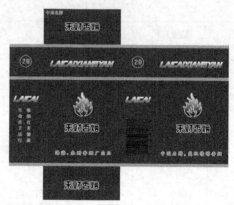

图7-33 "香烟包装盒"不同面的贴图效果

【设计思路】

- 创建长方体模型并为其每个侧面设置 ID。
- 为对象添加"多维/子对象"材质。
- 依次设置各个子对象材质的贴图效果。

【操作步骤】

1. 创建模型并设置 ID，如图 7-34 所示。
(1) 在创建面板中单击 长方体 按钮，然后在顶视图中创建一个长方体。
(2) 在【修改】面板中设置【名称】为"香烟盒"，并设置其他参数。

> **要点提示** 禁用【真实世界贴图大小】复选项是为了方便在贴图过程中对贴图坐标进行调整，它与贴图坐标中的【真实世界贴图大小】复选项是相对应的。

(3) 在【修改器列表】下拉列表中选择【编辑网格】修改器。
(4) 选择【多边形】层级，并在左视图中单击选中长方体的正面。
(5) 在【曲面属性】卷展栏中将【材质】分组框中的【设置 ID】参数设置为"1"。
(6) 在透视图中选中长方体的左面，然后在【曲面属性】卷展栏中将【材质】区域的【设置 ID】参数设置为"2"。
(7) 选择 按钮向右旋转【透视】视图，然后选中长方体的背面。
(8) 在【曲面属性】卷展栏中将【材质】分组框中的【设置 ID】参数设置为"3"。

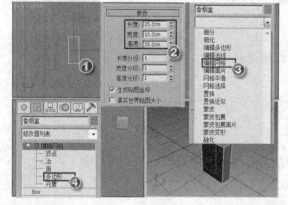

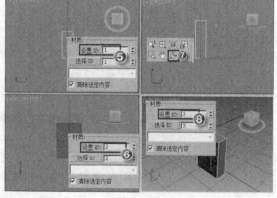

图7-34 创建模型并设置 ID

2. 按照上面的方法对其他面进行 ID 设置，如图 7-35 所示。

图7-35　设置其他面的 ID

3. 添加"多维/子对象"材质，如图 7-36 所示。

(1) 单击工具栏中的 按钮，打开【材质编辑器】窗口，单击选中一个空白材质球，然后单击 按钮将当前材质赋予"香烟盒"对象。

(2) 单击 Standard 按钮。

(3) 在弹出的【材质/贴图浏览器】对话框中选中【多维/子对象】选项，然后单击 确定 按钮。

(4) 在弹出的【替换材质】对话框中选择【丢弃旧材质？】单选项，然后单击 确定 按钮。

(5) 在【多维/子对象基本参数】卷展栏中单击 设置数量 按钮，打开【设置材质数量】对话框。

(6) 设置【材质数量】为"6"，单击 确定 按钮。

> **要点提示** 因为包装盒有 6 个面需要贴图，所以将子材质数量设置为 6。材质的 ID 数与模型 6 个面设置的 ID 数是相对应的，ID 数为"2"的材质将赋予在模型 ID 数为"2"的面上。

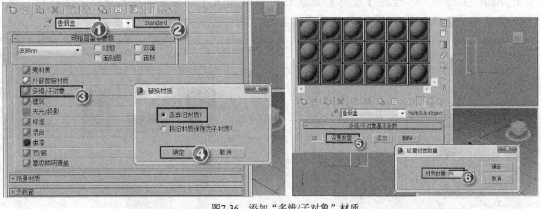

图7-36　添加"多维/子对象"材质

4. 为 ID1 子对象设置材质和贴图，如图 7-37 所示。

(1) 在【多维/子对象基本参数】卷展栏中单击【ID】为"1"子材质右边的 无 按钮，在打开的【材质/贴图浏览器】对话框中双击【标准】选项，进入对应的材质面板。

(2) 在【明暗器基本参数】卷展栏中设置阴影模式为【Phong】，然后在【Phong 基本参数】卷展栏中设置【自发光】为"80"。

(3) 在【贴图】卷展栏中单击【漫反射颜色】通道右侧的 None 按钮，打开【材质/贴图浏览器】对话框，选择【位图】选项，并单击 确定 按钮。

(4) 在打开的【选择位图图像文件】对话框中选择附盘文件"素材\第 7 章\包装盒\maps\Front.png"，并单击 打开(O) 按钮。

(5) 在【坐标】卷展栏中取消对【使用真实世界比例】复选项的选择，并设置【瓷砖】参数均为"1.0"，然后单击 ▧ 按钮，即可在视口中显示贴图效果。

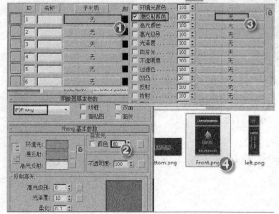
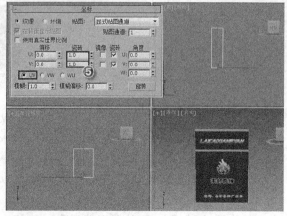

图7-37　设置子对象材质贴图 1

5. 为 ID2 子对象设置材质和贴图，如图 7-38 所示。

(1) 单击 ▧ 按钮返回最上层材质，在【多维/子对象基本参数】卷展栏中单击【ID】为"2"的子材质右边的 无 按钮，在打开的【材质/贴图浏览器】对话框中双击【标准】选项，进入对应的材质面板，在【明暗器基本参数】卷展栏中设置阴影模式为"Phong"，然后在【Phong 基本参数】卷展栏中设置【自发光】参数为"80"。

(2) 在【贴图】卷展栏中设置【漫反射颜色】通道贴图为附盘文件"素材\第 7 章\包装盒\maps\left.png"，然后在【坐标】卷展栏中取消选择【使用真实世界比例】复选项，并设置【瓷砖】参数均为"1.0"，单击 ▧ 按钮，即可在视口中显示贴图效果。

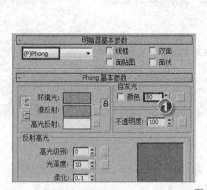

图7-38　设置子对象材质贴图 2

6. 为 ID3 和 ID4 子对象设置材质和贴图。
用同样的方法分别设置材质 3 的贴图为"Behind.png"，如图 7-39 所示，设置材质 4 的贴图为"right.png"，如图 7-40 所示。

图7-39 设置子对象材质贴图3

图7-40 设置子对象材质贴图4

7. 为其他 ID5 和 ID6 子对象设置材质和贴图，如图 7-41 和图 7-42 所示。

(1) 对材质 5 贴图"Top.png"，并在【漫反射颜色通道】面板的【坐标】卷展栏的【角度】区域下设置【W】参数为"90"。

(2) 对材质 6 贴图"bottom.png"，并在【漫反射颜色通道】面板的【坐标】卷展栏的【角度】区域下设置【W】参数为"–90"。

 设置【W】参数主要是旋转贴图角度，使顶部和底部贴图上的文字指向包装盒的正面。

图7-41 设置子对象材质贴图5

图7-42 设置子对象材质贴图6

至此，"香烟包装盒"案例制作完成。

7.4 知识拓展——去掉"缺少外部文件提示"

打开 3ds Max 源文件时，经常会碰到没有贴图或缺少贴图的情况，很多读者曾经为被提示找不到文件而苦恼过，如图 7-43 所示。下面介绍去掉"缺少外部文件"提示的方法。

1. 重新打开源文件，然后选择菜单命令【文件】/【资源追踪】，选中要去掉的图片，如图 7-44 所示。

图7-43 "缺少外部文件"提示

图7-44 资源追踪文件

2.　在图片上单击鼠标右键，在弹出的快捷菜单中选取【浏览】命令，如图 7-45 所示。

3.　在弹出的【浏览图像文件】对话框中单击 设备... 按钮，如图 7-46 所示。

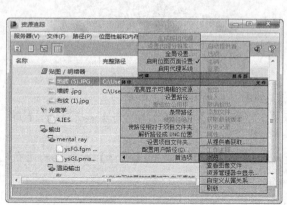

<table>
<tr><td>图7-45　浏览文件</td><td>图7-46　【浏览图像文件】对话框</td></tr>
</table>

4.　在弹出的【选择图像输入设备】对话框中直接单击 确定 按钮，如图 7-47 所示，可以
看到相应的图片文件已经被移除，如图 7-48 所示。

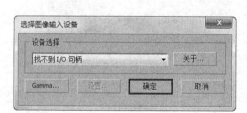

<table>
<tr><td>图7-47　提示信息</td><td>图7-48　取消外部文件的结果</td></tr>
</table>

7.5　习题

1.　材质主要模拟了物体的哪些自然属性？
2.　材质和贴图有何区别和联系？
3.　什么是贴图通道，有何用途？
4.　混合材质与合成材质有何区别？
5.　在创建材质的时候，灯光的布局有什么重要性？

第8章 灯光及其应用

【学习目标】
- 明确灯光的种类和用途。
- 明确标准灯光的种类及常用灯光的用法。
- 熟悉光度学灯光的特点和用法。
- 了解日光系统的特点和用途。

三维场景中的灯光可以照亮场景，使模型显示出各种反射效果并产生阴影；3ds Max 2014 提供了丰富的灯光类型，使用这些灯光可以创建出绚烂多彩的场景，并对材质起到很好的烘托作用，本章将详细介绍各种灯光在设计中的用法。

8.1 使用标准灯光

在 3ds Max 中，灯光的主要作用就是照明物体、增加场景的真实感、表现场景基调和烘托气氛。

8.1.1 基础知识——熟悉标准灯光的用法

3ds Max 可以模拟真实世界中的各种光源类型。良好的照明不仅能够使场景更加生动、更具表现力，而且可以带动人的感官，让人产生身临其境的感觉。

一、灯光类型

在 3ds Max 2014 中提供了 3 种类型的灯光：光度学灯光、标准灯光和日光系统。

(1) 光度学灯光。

光度学灯光使用光度学（光能）值可以更精确地定义灯光，就像在真实世界中一样。用户可以创建具有各种分布和颜色特性的灯光，或导入照明制造商提供的特定光度学文件。

在 3ds Max 2014 中提供了 3 种类型的光度学灯光：目标灯光、自由灯光和 mr 天空入口，如图 8-1 所示。

(2) 标准灯光。

标准灯光基于计算机的模拟灯光对象，不同种类的灯光对象可用不同的方式投影灯光，用于模拟真实世界不同种类的光源，如家庭或办公室灯具、舞台灯光设备以及太阳光等。与光度学灯光不同，标准灯光不具有基于物理的强度值。

在 3ds Max 2014 中提供了 8 种类型的标准灯光：目标聚光灯、自由聚光灯、目标平行光、自由平行光、泛光灯、天光、mr 区域泛光灯和 mr 区域聚光灯，如图 8-2 所示。

(3) 日光系统。

日光系统遵循太阳的运动规律，使用它可以方便地创建太阳光照的效果。用户可以通过设置日期、时间和指南针方向改变日光照射效果，也可以设置日期和时间的动画，从而动态模拟不同时间、不同季节太阳光的照射效果，如图 8-3 所示。

图8-1　光度学灯光

图8-2　标准灯光

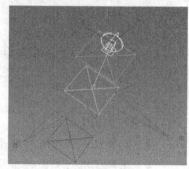

图8-3　日光系统

二、　标准灯光的种类和用途

3ds Max 2014 提供了 8 种标准灯光，其种类和用途如表 8-1 所示。

表 8-1　　　　　　　　　　　　　　标准灯光的种类和用途

标准灯光类型	用途
目标聚光灯	聚光灯能投影出聚焦的光束，目标聚光灯具有可移动的目标对象
自由聚光灯	自由聚光灯与目标聚光灯的参数基本一致，只是它无法对发射点和目标点分别进行调节
目标平行光	目标平行光可以产生一个照射区域，主要用来模拟自然光线的照射效果
自由平行光	自由平行光能产生一个平行的照射区域，常用于模拟太阳光
泛光	泛光灯从单个光源向各个方向投影光线，用于将"辅助照明"添加到场景中，或模拟点光源，但是在一个场景中如果使用太多泛光灯可能导致场景明暗层次变暗，缺乏对比
天光	天光主要用来模拟天空光。可以设置天空的颜色或将其指定为贴图，对天空建模，作为场景上方的圆屋顶
mr Area Omni（Mr 区域泛光灯）	使用 mental ray 渲染器渲染场景时，区域泛光灯从球体或圆柱体而不是从点光源发射光线。使用默认的扫描线渲染器，区域泛光灯像其他标准的泛光灯一样发射光线
mr Area Spot（Mr 区域聚光灯）	使用 mental ray 渲染器渲染场景时，区域聚光灯从矩形或圆盘形区域发射灯光，而不是从点光源发射。使用默认的扫描线渲染器，区域聚光灯像其他标准的聚光灯一样发射光线

三、　标准灯光参数

3ds Max 中的灯光具有多种参数，而且不同类型的灯光参数也不同，下面以"目标聚光灯"为例介绍起常用参数用法。

(1)　【常规参数】卷展栏。

【常规参数】卷展栏的内容如图 8-4 所示，各主要选项的用法如表 8-2 所示。

图8-4　【常规参数】卷展栏

表 8-2 【常规参数】卷展栏参数用法

参数组	参数	含义
灯光类型	启用	启用和禁用灯光 当【启用】复选项处于选中状态时，使用灯光着色和渲染以照亮场景 当【启用】复选项处于禁用状态时，进行着色或渲染时不使用该灯光
	灯光类型列表	更改灯光的类型 如果选中标准灯光类型，可以将灯光更改为泛光灯、聚光灯或平行光 如果选中光度学灯光，可以将灯光更改为点光源、线光源或区域灯光
	目标	启用该选项后，灯光将成为目标 对于自由灯光，可以设置该值 对于目标灯光，可以通过禁用该复选项或者移动灯光或灯光的目标对象对其进行更改
阴影	启用	决定当前灯光是否投射阴影
	使用全局设置	选中该复选项，将会把下面的阴影参数应用到场景的全部灯光上
	阴影类型	决定渲染器是使用阴影贴图、光线跟踪阴影、高级光线跟踪阴影还是区域阴影生成该灯光的阴影。常用的阴影类型如图 8-5 所示
	排除...	将选定对象排除于灯光效果之外 排除的对象仍在着色视口中被照亮。只有当渲染场景时排除才起作用

图8-5 阴影类型

各种类型阴影的优缺点如表 8-3 所示。

表 8-3 各种类型阴影的优缺点

阴影类型	优点	缺点
区域阴影	支持透明和不透明贴图，使用内存少，适合在包含众多灯光和面的复杂场景中使用	与阴影贴图相比速度较慢，不支持柔和阴影
mental ray 阴影贴图	使用 mental ray 阴影贴图可能比光线跟踪阴影更快	不如光线跟踪阴影精确
高级光线跟踪	支持透明和不透明贴图，与光线跟踪相比使用内存较少，适合在包含众多灯光和面的复杂场景中使用	与阴影贴图相比计算速度较慢，不支持柔和阴影，对每一帧都进行处理
阴影贴图	能产生柔和的阴影，只对物体进行一次处理，计算速度较快	使用内存较多，不支持对象的透明和半透明贴图
光线跟踪阴影	支持透明和不透明贴图，只对物体进行一次处理	与阴影贴图相比使用内存较多，不支持柔和阴影

由于【mental ray】渲染器只支持"mental ray 阴影贴图"、"阴影贴图"和"光线跟踪阴影"，所以若使用【mental ray】渲染器，则不能使用"区域阴影"和"高级光线跟踪"。

(2) 【强度/颜色/衰减】卷展栏。

【强度/颜色/衰减】卷展栏的内容如图 8-6 所示，各主要选项的用法如表 8-4 所示。

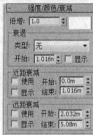

图8-6 【强度/颜色/衰减】卷展栏

表 8-4 　　　　　　　　　【强度/颜色/衰减】卷展栏参数用法

参数组	参数	含义
倍增	倍增	设置灯光的强度 标准值为"1"，如果设置为"2"，则强度增加 1 倍 如果设置为负值，则会产生吸收光的效果
	颜色	显示灯光的颜色 单击色样□，将显示【颜色选择器】对话框，该对话框用于选择灯光的颜色
衰退		设置灯光随着距离衰退的效果，降低远处灯光的照射强度
	类型	选择要使用的衰退类型 无（默认设置）：不应用衰退 倒数：以倒数方式计算衰退，灯光强度与距离成反比 平方反比：应用平方反比衰退，灯光强度以距离倒数的平方方式快速衰退。这也是真实世界灯光的衰退效果
	开始	如果不使用衰减，则设置灯光开始衰退的距离
	显示	在视口中显示衰退范围
近距衰减		设置灯光从开始衰减到衰减程度最强的区域
	使用	启用灯光的近距衰减
	显示	在视口中显示近距衰减范围设置 选中该复选项后，在灯光周围将出现表示灯光衰减开始和结束的圆圈，如图 8-7 所示
	开始	设置灯光开始淡入的距离
	结束	设置灯光衰减结束的地方，也就是灯光停止照明的距离，在开始衰减和结束衰减两个区域之间灯光按照线性衰减
远距衰减		设置灯光从衰减开始到完全消失的区域
	使用	启用灯光的远距衰减
	显示	在视口中显示远距衰减范围设置 选中该复选项后，在灯光周围将出现表示灯光衰减开始和结束的圆圈，如图 8-8 所示
	开始	设置灯光开始淡出的距离。只有比该区域更远的照射范围才发生衰减
	结束	设置灯光衰减结束的位置，也就是灯光停止照明的区域

图8-7 近距衰减

图8-8 远距衰减

(3) 【聚光灯参数】卷展栏。

【聚光灯参数】卷展栏的内容如图8-9所示，各主要选项的用法如表8-5所示。

图8-9 【聚光灯参数】卷展栏

表8-5 【聚光灯参数】卷展栏参数用法

参数	含义
显示光锥	启用或禁用圆锥体的显示
泛光化	启用泛光化后，灯光在所有方向上投影灯光。但是，投影和阴影只发生在其衰减圆锥体内
聚光区/光束	调整灯光圆锥体的角度。聚光区值以度为单位进行测量
衰减区/区域	调整灯光衰减区的角度。衰减区值以度为单位进行测量
圆/矩形	确定聚光区和衰减区的形状
纵横比	设置矩形光束的纵横比。使用 位图拟合 按钮可以使纵横比匹配特定的位图
位图拟合	如果灯光的投影纵横比为矩形，应设置纵横比以匹配特定的位图。当灯光用作投影灯时，该选项非常有用

(4) 【高级效果】卷展栏。

【高级效果】卷展栏的内容如图8-10所示，各主要选项的用法如表8-6所示。

图8-10 【高级效果】卷展栏

表8-6 【高级效果】卷展栏参数用法

参数组	参数	含义
影响曲面	对比度	调整曲面的漫反射区域和环境光区域之间的对比度
	柔化漫反射	增加"柔化漫反射边"的值可以柔化曲面的漫反射部分与环境光部分之间的边缘
	漫反射	启用此选项后，灯光将影响对象曲面的漫反射属性。禁用此选项后，灯光在漫反射曲面上没有效果
	高光反射	启用此选项后，灯光将影响对象曲面的高光属性。禁用此选项后，灯光在高光属性上没有效果
	仅环境光	启用此选项后，灯光仅影响照明的环境光组件

续表

参数组	参数	含义
投影贴图	贴图	为阴影加载贴图
	无	为投影加载贴图

8.1.2　范例解析——制作"台灯照明"效果

本例将通过向场景中添加标准灯光模拟台灯的照明效果，该范例的最终效果如图 8-11 所示。

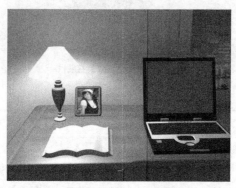

图8-11　"台灯照明"设计效果图

【设计思路】
- 为场景添加一盏目标聚光灯作为主光源。
- 设置灯光参数，调整照明效果。
- 添加一盏泛光灯作为辅助光源，调整灯光参数。
- 创建天光，模拟自然照明环境。
- 设置渲染参数，渲染设计结果。

【操作步骤】
1.　查看最初效果。
(1)　打开附盘文件"素材\第 8 章\台灯照明\台灯照明.max"，如图 8-12 所示。
(2)　在工具栏中单击 按钮渲染摄影机视图，得到如图 8-13 所示的效果。

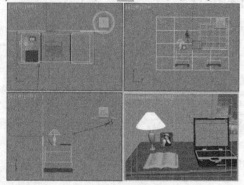

图8-12　打开场景文件

图8-13　初次渲染效果

2. 添加主光。

(1) 在【创建】面板中单击按钮，在下拉列表中选择【标准】选项，在【对象类型】卷展栏中单击 目标聚光灯 按钮，在左视图中按下鼠标左键并向下拖动鼠标指针，创建目标聚光灯，同时选中灯光和目标点，移动位置到台灯模型中心，如图 8-14 所示。

> **要点提示** 要同时选中灯光和目标点，可单击灯光与目标点之间的连接线进行快速选择。

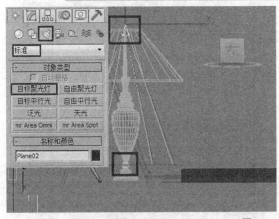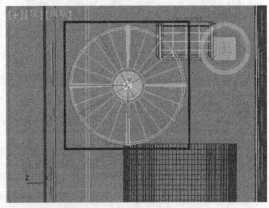

图8-14 添加主光

(2) 选中灯光，在【修改】面板中【强度/颜色/衰减】卷展栏中单击【倍增】后面的色块，设置灯光颜色的 RGB 值分别为 "253"、"238"、"214"；在【远距衰减】分组框中选择【使用】和【显示】复选项，设置【开始】值为 "208"，【结束】值为 "2800"，如图 8-15 所示。

(3) 在【聚光灯参数】卷展栏中选择【显示光锥】复选项，设置【聚光区/光束】参数为 "105"，设置【衰减区/区域】参数为 "157"，如图 8-16 所示。

(4) 在【阴影贴图参数】卷展栏中设置【偏移】为 "1.0"，【大小】为 "512"，【采样范围】为 "4.0"，再次渲染摄影机视图查看主光照明效果，如图 8-17 所示。

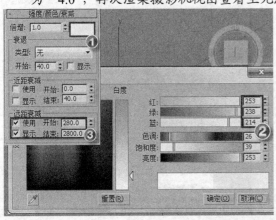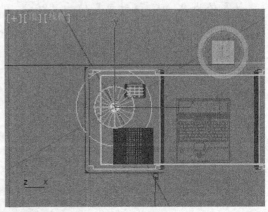

图8-15 设置灯光参数 1

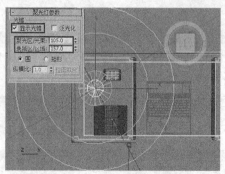

图8-16 设置灯光参数 2

图8-17 设置灯光参数 3

3. 添加辅光。

(1) 切换到【创建】面板，单击 泛光 按钮，在左视图中单击创建泛光灯，然后调整其位置到台灯模型的中心，如图 8-18 所示。

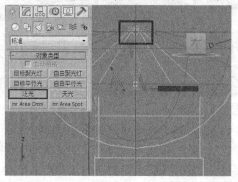

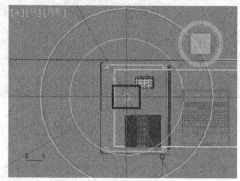

图8-18 创建泛光灯

(2) 切换到【修改】面板，在【常规参数】卷展栏的【阴影】分组框中取消选择【启用】和【使用全局设置】复选项，使泛光灯不产生阴影；在【强度/颜色/衰减】卷展栏中设置【倍增】参数为 "0.5"，单击其后的色块，设置灯光颜色的 RGB 值分别为 "252"、"224"、"181"；在【远距衰减】分组框中选择【使用】和【显示】复选项，设置【开始】值为 "140"，【结束】值为 "805"，如图 8-19 所示。

(3) 渲染摄影机视图，得到如图 8-20 所示的效果。

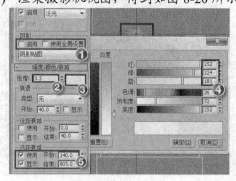

图8-19 修改灯光参数

图8-20 渲染效果

(4) 切换到【创建】面板，单击 天光 按钮，在【天光参数】卷展栏中设置【倍增】参数为 "0.2"，在左视图中任意位置单击创建一个天光，如图 8-21 所示。

(5) 渲染摄影机视图，得到如图 8-22 所示的效果。

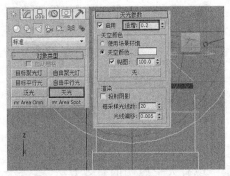

图8-21　创建天光

图8-22　渲染效果

4.　渲染设置。

(1)　按 F10 键打开【渲染设置】窗口，进入【高级照明】选项卡，在下拉列表中选择【光跟踪器】选项，参数使用默认值，如图 8-23 所示。

(2)　渲染摄影机视图，结果如图 8-24 所示。

图8-23　渲染设置

图8-24　渲染效果

8.2　使用光度学灯光

光度学灯光与真实世界中的灯光类似，具有各种颜色特性，通过光度学（光能）值，可以更加精确地定义灯光。

8.2.1　基础知识——熟悉光度学灯光的用法

光度学灯光为用户提供了诸如"白炽灯"、"荧光灯"等灯光类型，用户还可以直接导入照明制造商提供的特定光度学文件。

一、　光度学灯光类型

3ds Max 2014 提供了以下 3 种光度学灯光类型。

(1)　目标灯光。

目标灯光可以用于指向灯光的目标对象，可采用球形分布、聚光灯分布以及 Web 分布方式，如图 8-25 所示。创建目标灯光时，系统自动为其制定注视控制器，且灯光目标对象指定为"注视"目标。

(2)　自由灯光。

自由灯光不具备目标子对象，也可采用球形分布、Web 分布以及聚光灯分布方式，如图 8-26 所示。

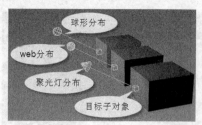

图8-25　目标灯光　　　　　　　　　　　　　　　图8-26　自由灯光

(3)　Mr skylight 门户。

Mr skylight 门户提供了一种"聚集"内部场景中现有天空照明的有效方法，这是一种 mental ray 灯光，它必须配合天光才能使用。Mr skylight 门户实际上是一种区域灯光，能从环境中导出其亮度和颜色。

二、　光度学灯光参数

下面以"目标灯光"为例来介绍光度学灯光的参数，如表 8-7 所示。

表 8-7　　　　　　　　　　　　　　　【目标灯光】卷展栏参数

卷展栏	参数	含义
常规参数	目标	启用此选项之后，该灯光将具有目标
		禁用此选项之后，可使用变换指向灯光
		通过切换，可将目标灯光更改为自由灯光，反之亦然
	使用全局设置	启用此选项以使用该灯光投射阴影的全局设置
		禁用此选项以启用阴影的单个控件
	排除…	将选定对象排除于灯光效果之外
		排除的对象仍在着色视口中被照亮。只有当渲染场景时"排除"效果才起作用
	灯光分布类型列表	通过灯光分布下拉列表可选择灯光分布的类型
强度/颜色/衰减	开尔文	通过调整色温微调器设置灯光的颜色。色温以开尔文度数显示
	灯光	选取公用灯光的种类
	过滤颜色	使用颜色过滤器模拟置于光源上的过滤色的效果
	暗淡百分比	设置该参数后，可以按照该数值降低灯光的"倍增"值
	光线暗淡时白炽灯颜色会切换	启用此选项之后，灯光可在暗淡时通过产生更多黄色来模拟白炽灯
图形/区域阴影	从（图形）发射光线	选择阴影生成的图形类型，包括"点光源"、"线"、"矩形"、"圆形"、"球体"及"圆柱体"
	灯光图形在渲染中可见	启用此选项后，如果灯光对象位于视野内，灯光图形在渲染中就会显示为自供照明（发光）的图形
		关闭此选项后，将无法渲染灯光图形，而只能渲染它投影的灯光
阴影参数	颜色	单击色样以显示【颜色选择器】，然后为此灯光投射的阴影选择一种颜色
	密度	调整阴影的密度
	贴图	单击以打开【材质/贴图浏览器】并将贴图指定给阴影。贴图颜色与阴影颜色混合起来

续表

卷展栏	参数	含义
阴影贴图参数	偏移	启用此选项之后，将更改阴影偏移。增加该值将使阴影移离投射阴影的对象
	大小	设置阴影贴图的大小。贴图大小是此值的平方。分辨率越高要求处理的时间越长，但会生成更精确的阴影
	采样范围	决定阴影内平均有多少个区域
	绝对贴图偏移	若启用，则阴影贴图的偏移是不标准化的，但在固定比例上以 3ds Max 为单位来表示
	双面阴影	若启用，计算阴影时物体的背面也将产生阴影

8.2.2 范例解析——制作"夜幕降临"效果

本案例将使用光度学灯光中的"自由灯光"来模拟夜幕下使用各种灯光照明获得的视觉效果，案例制作完成后的结果如图 8-27 所示。

图8-27　"夜幕降临"设计效果

【设计思路】

- 使用"隐藏式 75W 灯光"照亮走廊，为了获得均匀的光照效果，使用两盏灯光照明。
- 使用"100W 灯泡"照亮阳台，并适当调整光的色调，使用布置在不同位置的 5 盏灯光照明。
- 使用"80W 卤元素灯泡"照亮游泳池，这里在游泳池周边创建均匀布置的 6 盏灯光。
- 使用"4ft 暗槽荧光灯"作为路灯照明灯，创建一盏灯光后，使用复制、移动和旋转方法创建其他 5 盏灯光，这些灯光为整个场景提供较高的亮度，并突出光照的层次感。

【操作步骤】

1. 打开附盘文件，渲染场景文件。

(1) 打开附盘文件"素材\第 8 章\夜幕降临\夜幕降临.max",场景中制作了一个海边别墅的场景,如图 8-28 所示。

(2) 对场景进行渲染,效果如图 8-29 所示,这是用默认灯光照明后的渲染结果,显得极为平淡。

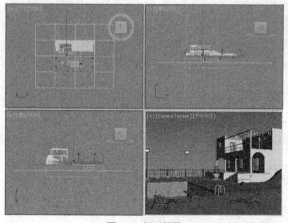

图8-28 打开场景　　　　　　　　　　　　　　图8-29 渲染结果

2. 制作走廊的照明效果

(1) 创建光度学灯光,如图 8-30 所示。

① 在【创建】面板中单击 按钮,确保当前使用的灯光类型为【光度学】。

② 单击 自由灯光 按钮。

③ 在弹出的【创建光度学灯光】对话框中单击 是 按钮。

④ 单击鼠标左键在【顶视图】中创建一盏灯光。

⑤ 在 按钮上单击鼠标右键,然后设置灯光的坐标参数。

(2) 调整参数并克隆灯光,如图 8-31 和图 8-32 所示。

① 打开【修改】面板,在【模板】卷展栏中设置模板为【嵌入式 75W 灯光(web)】。

② 在顶视图中按住 shift 键沿 x 轴以"实例"方式克隆一盏灯光。

③ 在 按钮上单击鼠标右键,设置灯光的坐标参数。

④ 使用同样的方法克隆一盏灯光,然后设置灯光的坐标参数。

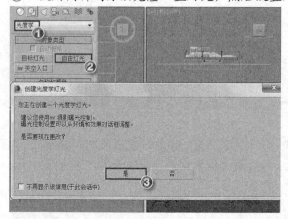

图8-30 创建光度学灯光

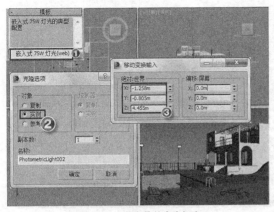

图8-31　调整参数并克隆灯光

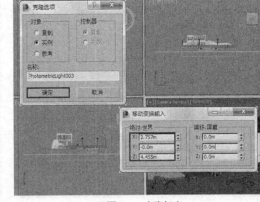

图8-32　克隆灯光

(3)　调整曝光控制，如图 8-33 所示。

① 按 ⑧ 键打开【环境和效果】窗口，在【mr 摄影曝光控制】卷展栏中设置【预设值】为
【基于物理的灯光、室外夜间】。

② 渲染摄影机视图获得的设计效果，可以明显看到走廊灯光的光照效果。

图8-33　调整曝光控制

3.　制作阳台的照明效果。

(1)　创建自由灯光，如图 8-34 所示。

① 在【创建】面板中单击　自由灯光　按钮。

② 在【顶视图】单击创建一盏灯光。

③ 按照如图 8-81 所示设置灯光坐标参数。

(2)　调整参数并克隆灯光，如图 8-35 所示。

① 在【修改】面板中设置模板为 "100W 灯泡"。

② 在【颜色】组中选中第 1 个单选框："D65 Illuminant（基准白色）"。

③ 按住 shift 键移动灯光并以 "实例" 方式克隆灯光，然后设置克隆灯光的坐标参数。

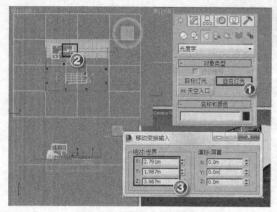

图8-34 创建自由灯光　　　　　　　　　　　　图8-35 调整参数并克隆灯光

(3) 创建并克隆灯光，如图 8-36 所示。

① 在【创建】面板中单击 自由灯光 按钮，在【顶视图】中单击创建一盏灯光。

② 设置灯光模板为"100W 灯泡"。

③ 设置灯泡坐标参数。

④ 按住 shift 键移动灯光并以"实例"方式克隆灯光。

⑤ 设置克隆灯光的坐标参数。

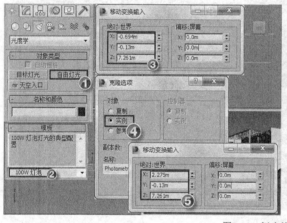

图8-36 创建并克隆灯光

4. 制作游泳池照明效果。

(1) 创建灯光，如图 8-37 所示。

① 在【创建】面板中单击 自由灯光 按钮，在【顶视图】中单击创建一盏灯光。

② 按照图示设置灯光坐标参数。

(2) 调整参数并克隆灯光，如图 8-38 所示。

① 在【修改】面板中设置灯光模板为【80W 卤素灯泡】。

② 设置【开尔文】参数为"8 000"。

③ 按住 Shift 键沿 x 轴移动灯光至泳池中线处，在【克隆选项】对话框设置【副本数】为"2"。

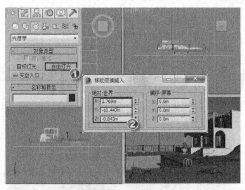

图8-37 创建灯光

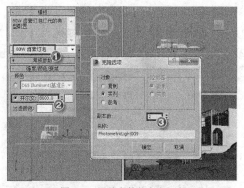

图8-38 调整参数并克隆灯光

5. 继续克隆灯光，如图 8-39 所示。

按住 Ctrl 键同时选中泳池中的 3 个灯光，按住 Shift 键沿 y 轴移动灯光至泳池另一侧，以"实例"方式克隆灯光，渲染摄影机视图获得的设计效果，可以看到游泳池中的灯光照明效果。

6. 制作灯柱照明效果。

(1) 创建灯光，如图 8-40 所示。

① 在【创建】面板中单击 自由灯光 按钮，在【顶视图】中单击创建一盏灯光。

② 设置灯光坐标参数。

(2) 调整灯光参数，如图 8-41 所示。

① 在【修改】面板中设置灯光模板为【4ft 暗槽荧光灯（web）】。

② 设置灯光【图形】参数，调整灯光的形状和大小。

③ 在 按钮上单击鼠标右键，调整灯光旋转参数。

图8-39 克隆灯光

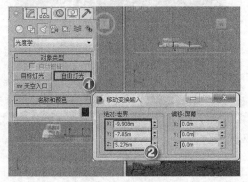

图8-40 创建灯光

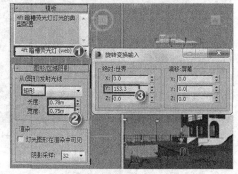

图8-41 调整灯光参数

(3)　克隆灯光，如图 8-42 和图 8-43 所示。

① 按住 Shift 键沿 *y* 轴移动灯光至下侧灯罩内并以"实例"方式克隆。

② 同时选中灯罩内的两盏灯光，按住 Shift 键并沿 *x* 方向克隆。

③ 将最后克隆出的两盏灯光旋转 180°，并将两盏灯光沿 *x* 轴移动至右侧灯罩内，渲染结果如图 8-43 右图所示。

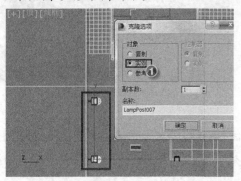
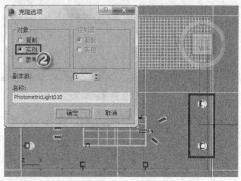

图8-42　创建并克隆灯光 1

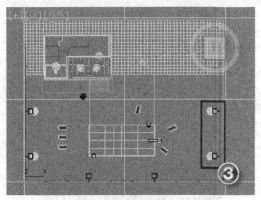

图8-43　创建并克隆灯光 2

(4)　调整并克隆灯光，如图 8-44 所示。

① 再次对右侧灯罩内两盏灯光进行克隆。

② 将克隆后的灯光顺时针旋转 90°，调整灯光位置至灯罩内。最后渲染摄影机视图。

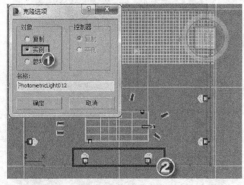

图8-44　调整并克隆灯光

(5)　调整灯光强度，如图 8-45 所示。

① 任意选中一个灯罩内的灯光。

② 在【修改】面板中设置其【结果强度】为 "200%"。最后渲染摄影机视图。

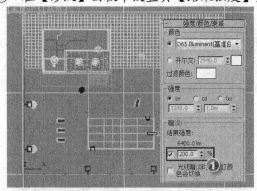

图8-45　调整灯光强度

7. 按 Ctrl+S 组合键保存场景文件到指定目录，本案例制作完毕。

8.3　使用日光系统

日光系统可以模拟地球围绕太阳运行的效果，遵循太阳在地球上的某一给定位置，符合地理学的位置和运动。

8.3.1　基础知识——熟悉日光系统的用法

使用日光系统用户可以选择位置、日期、时间和指南针方向，也可以设置日期和时间的动画，其参数用法如表 8-8 所示。

表 8-8　　　　　　　　　　　　　　　　日光系统参数及其用法

参数组	参数	含义
日光参数	IES 太阳光	"IES 太阳光" 是模拟太阳光的基于物理的灯光对象 当与日光系统配合使用时，将根据地理位置、时间和日期自动设置 IES 太阳光的值
	IES 天光	"IES 天光" 是基于物理的灯光对象，该对象模拟天光的大气效果
	mr 太阳	"mr 太阳" 使用 mr 太阳光来模拟太阳
	天光	"天光" 用于建立日光的模型，可以设置天空的颜色或将其指定为贴图
	mr 天空	"mr 天空" 主要在 mental ray 太阳和天空组合中使用
	标准	使用目标直接光来模拟太阳
	设置...	选择 "手动或日期、时间和位置" 后，打开【运动】面板，可调整日光系统的时间、位置和地点
控制参数	方位和海拔高度	显示太阳的方位和海拔高度。方位是太阳的罗盘方向，海拔高度是太阳距离地平线的高度，以度为单位
	获取位置...	显示【地理位置】对话框，可以通过从地图或城市列表中选择一个位置来设置经度和纬度值
	北向	设置罗盘在场景中的旋转方向。默认情况下，北为 0 并指向地平面 y 轴的正向
	轨道缩放	设置太阳（平行光）与罗盘之间的距离

8.3.2 范例解析——制作"日光照明"效果

本案例将通过添加日光系统完成场景的日光照明效果，案例制作完成后的效果如图 8-46 所示。

图8-46 "日光照明"最终效果

【设计思路】

- 创建日光系统。
- 设置中午照明效果。
- 设置下午照明效果。
- 设置傍晚照明效果。

【步骤提示】

1. 打开制作模板。
(1) 打开附盘文件"素材\第 8 章\日光照明\日光照明.max"，其中制作了一个海边别墅的场景，如图 8-47 所示。
(2) 对场景进行渲染，效果如图 8-48 所示。

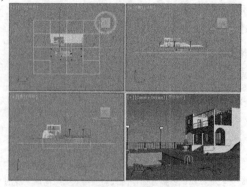

图8-47 打开的场景　　　　　　　　　　图8-48 渲染效果

2. 创建日光系统，如图 8-49 所示。
(1) 在【创建】面板中单击 按钮。
(2) 单击 日光 按钮。
(3) 在弹出的【创建日光系统】对话框中单击 是 按钮。

(4) 在【顶视图】中单击并略微拖动以创建指南针，松开鼠标，向上移动鼠标以定位日光对象，单击完成创建。

(5) 在修改面板中修改参数。

(6) 在弹出的对话框中单击 是 按钮。

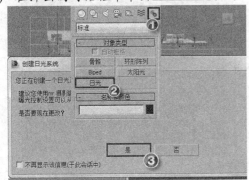

图8-49　创建日光系统

3. 设置中午照明效果，如图 8-50 所示。

(1) 在【修改】面板中单击 设置... 按钮转到【控制参数】面板。

(2) 设置【时间】为 "15:00"。渲染摄影机视图。

图8-50　设置中午照明效果

4. 启用最终聚集，如图 8-51 所示。

(1) 按 F10 键打开【渲染设置:mental ray 渲染器】对话框，进入【全局照明】选项卡。

(2) 选择【启用最终聚焦】复选项。渲染摄影机视图。

图8-51　启用最终聚集

5. 制作下午照明效果，如图 8-52 所示。

(1) 在【控制参数】面板中设置【时间】为 "18:20"。

(2) 设置【北向】为 "345"。渲染摄影机视图。

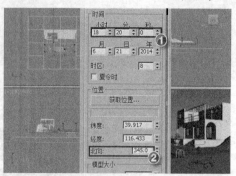

图8-52 调整日光系统参数

6. 调整曝光控制，如图 8-53 所示。

(1) 按⑧键打开【环境和效果】窗口。

(2) 在【mr 摄影曝光控制】卷展栏中选择【摄影曝光:】单选项。

(3) 设置【光圈】为 "5.6"。渲染摄影机视图。

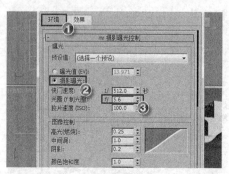

图8-53 调整曝光控制

7. 制作傍晚照明效果，如图 8-54 所示。

在【控制参数】面板中设置【时间】为 "19:35"。渲染摄影机视图。

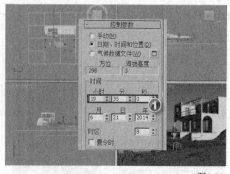

图8-54 制作傍晚照明效果

8. 调整曝光控制，如图 8-55 所示。

在【环境和效果】窗口中设置【快门速度】为 "100"，渲染摄影机视图获得的设计效果如图 8-55 所示。

图8-55　调整曝光控制

9. 按 Ctrl＋S 组合键保存场景文件到指定目录，本案例制作完成。

8.4　知识拓展——灯光的属性

3ds Max 的照明原则是模拟自然光效果。当光线照射到物体表面时，表面对光线产生反射效果，这样我们就能看到物体了。灯光通常具有以下属性。

(1) 强度。光源的强度影响灯光照亮对象的程度。暗淡的光源即使照射到鲜艳的物体上也只能产生暗淡的颜色效果。在 3ds Max 中，灯光的强度取决于其 HSV 值（即色度、饱和度和亮度），取 255（最大值）时，灯光最亮；取 0 值时，完全没有照明效果。

(2) 入射角。物体表面法线相对于光源之间的角度称为入射角。当光源入射角为 0（光源垂直于照射物体），照明效果最强烈，入射角越大，物体接受到的光线越少，表面越暗淡。

(3) 衰减。现实生活中，灯光亮度会随着距离的增加而变暗，距离光源远的对象比距离光源近的对象暗，这就是光的衰减现象。自然界的灯光通常按照平方反比关系进行衰减，灯光的亮度按照光源距离的平方削弱。在阴天或雾天，这种衰减更明显。

(4) 反射光与环境光。灯光在对象上的反射光能照亮其他对象，反射的光越多，照亮环境中其他对象的光也越多。反射光还能产生环境光，而环境光没有明确的光源和方向，也不会产生清晰的阴影。在 3ds Max 中，如果使用默认的渲染方式则无法计算出反射光，如果使用具有计算光能传递效果的渲染方式（如高级照明等），则可以获得真实的反射光效果。

(5) 颜色。灯光的颜色主要依赖于灯光的生成过程，例如钨灯能产生橘黄色灯光，水银灯能产生浅蓝色的冷光，太阳光为浅黄色。灯光的主要颜色有红、绿和蓝 3 色。当多种颜色混合在一起后，场景将变得更亮且逐渐变为白色。

8.5　习题

1. 简要说明灯光对材质的影响。
2. 3ds Max 中主要使用了哪些灯光？
3. 灯光的阴影有哪些类型，各有何特点？
4. 标准灯光与光度学灯光在用途上有何不同？
5. 简要说明日光系统的主要用途。

第9章 摄影机、环境与渲染

【学习目标】
- 明确摄影机的种类和用途。
- 明确常用环境设置的种类及其用法。
- 明确常用特效设置的种类及其用法。
- 明确渲染的设置方法和渲染技巧。

使用摄影机不仅便于观察场景，还可以模拟真实摄影机的特效；使用环境设置可以模拟雾、火焰等效果，通过添加效果还可制作出各种特效。场景制作完成后，可通过渲染将其效果输出成图像或动画等，成为完全独立于软件的作品。

9.1 使用摄影机

3ds Max 2014 中的摄影机与现实世界中的摄影机十分相似，可以从镜头中观察场景。

9.1.1 基础知识——摄影机及其应用

摄影机的位置、摄影角度、焦距等可以随意调整，不仅方便观看场景中各部分的细节，还可以利用摄影机的移动创建浏览动画，使用摄影机还可以制作景深、运动模糊等特效。

一、 摄影机的种类

3ds Max 2014 提供了两种类型的摄影机。

(1) 目标摄影机。

目标摄影机除了有摄影机对象外，还有一个目标点，摄影机的视角始终向着目标点。摄影机和目标点的位置都可自由调整，如图 9-1 所示。

(2) 自由摄影机。

自由摄影机只有一个摄影机对象，没有目标点。自由摄影机不仅可以自由移动位置坐标，还可以沿自身坐标自由旋转和倾斜，如图 9-2 所示。当创建摄影机沿着一条路径运动的动画时，使用自由摄影机可以方便地实现转弯等效果。

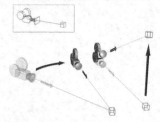

图9-1　目标摄影机

图9-2　自由摄影机

二、 摄影机的参数

摄影机主要通过"焦距"和"视野"两个参数来控制其观察效果，如图9-3所示。这两个参数分别用摄影机【参数】卷展栏中的【镜头】和【视野】参数值指定，如图9-4所示。

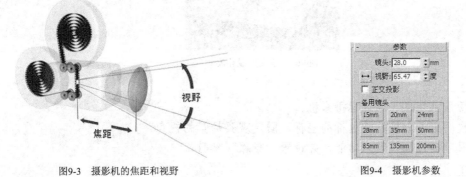

图9-3 摄影机的焦距和视野 　　　　　　图9-4 摄影机参数

(1) 镜头。

焦距决定了被拍摄物体在摄影机视图中的大小。以相同的距离拍摄同一物体，则焦距越长，被拍摄物体在摄影机视图上显示就越大。焦距越短，被拍摄物体在摄影机视图上显示就越小，摄影机视图中包含的场景也就越多。

(2) 视野（FOV）。

视野用于控制场景可见范围的大小，视野越大，在摄影机视图中包含的场景就越多。视野与焦距相互联系，改变其中一个值，另一个也会相应改变。

三、 摄影机视角的调整

摄影机的观察角度除了可以通过工具栏上的移动和旋转工具进行调整外，在摄影机视图下，还可以通过右下角的视图控制区提供的导航工具对摄影机的视角进行调整，导航工具的外观及其功能说明如图9-5所示。

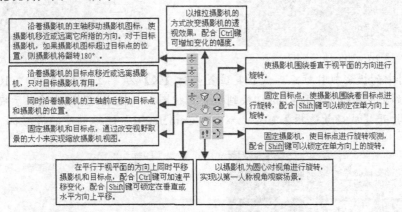

图9-5 导航工具及其功能说明

9.1.2 范例解析——制作"景深"效果

在摄影机的【参数】卷展栏中有一个【多过程效果】分组框，通过该分组框中的选项可以方便地制作出景深效果，可以看到视野中的场景近处清晰，远处模糊，如图9-6所示。

图9-6 "景深"设计效果

【设计思路】

- 在场景中创建一架目标摄影机。
- 依次设置摄影机及其目标的坐标，固定观察场景的视角。
- 启用"多过程效果"功能，并设置"景深"参数。

【操作步骤】

1. 打开附盘文件"素材\第 9 章\景深\景深.max"。

2. 在【创建】面板中单击 按钮，在【对象类型】卷展栏中单击 目标 按钮，在设计视图中按下鼠标左键并拖动鼠标光标，创建目标摄影机，如图 9-7 所示。

3. 在工具栏中单击【选择过滤器】下拉列表，选择【C-摄影机】选项，然后用鼠标右键单击 按钮启用【选择并移动】工具，选中视图中的摄影机图标，设置其位置坐标【X】为"–20"，【Y】为"–55"，【Z】为"45"，如图 9-8 所示。

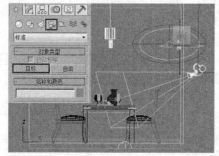

图9-7 创建目标摄影机

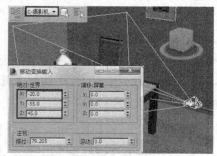

图9-8 设置摄影机位置

4. 选中视图中的摄影机目标点，设置其位置坐标【X】为"–2"，【Y】为"–10"，【Z】为"36"，如图 9-9 所示，按 C 键切换到摄影机视图，按 Shift+F 快捷键显示安全框。

5. 按 H 键打开【从场景选择】窗口，双击"Camera001"选择创建的摄影机，如图 9-10 所示。

图9-9 设置目标点位置

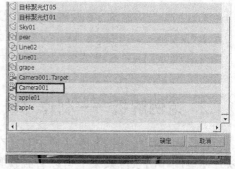

图9-10 选择摄影机

6. 切换到【修改】面板，在【参数】卷展栏的【多过程效果】分组框中选择【启用】复选项，设置【目标距离】参数为"50"，在【景深参数】卷展栏中设置【采样半径】为"0.7"，如图 9-11 所示。
7. 渲染摄影机视图，查看设计效果，如图 9-12 所示。

图9-11　设置摄影机参数

图9-12　渲染摄影机视图

 【目标距离】参数决定摄影机聚集点的位置，增加【目标距离】的参数值，可产生近处模糊，远处清晰的景深效果。

9.2　使用环境设置

通过使用 3ds Max 2014 中的环境设置，可以方便地实现雾、体积光、火焰等效果，通过添加效果可以实现光环、光晕、模糊等特效。

9.2.1　基础知识——熟悉环境的设置方法

在 3ds Max 中可以模拟出自然界中常见的气、烟和火等环境，统称为大气效果。3ds Max 2014 提供了 4 种大气效果，分别是火效果、雾、体积雾以及体积光，如图 9-13 所示。

一、火效果

火效果可以用于制作火焰、烟雾和爆炸等效果，如图 9-14 所示。通过修改相关参数还可方便地制作出云层效果。

图9-13　大气效果列表

图9-14　火效果

二、雾

雾效可以用于制作晨雾、烟雾、蒸汽等效果，它又分为标准雾和分层雾两种类型。

(1) 标准雾。

标准雾的深度是由摄影机的环境范围进行控制的，所以要求场景中必须创建摄影机。标准雾的效果如图 9-15 所示。

(2) 分层雾。

分层雾在场景中具有一定的高度，而长度和宽度则没有限制，主要用于表现舞台和旷野中的雾效。分层雾的效果如图 9-16 所示。

图9-15 标准雾效果

图9-16 分层雾效果

三、体积雾

体积雾特效可以在场景中生成密度不均匀的三维云团，如图 9-17 所示。它能够像分层雾一样使用噪波参数，适合制作可以被风吹动的云雾效果。

四、体积光

体积光特效可以产生具有体积的光线，这些光线可以被物体阻挡，产生光线透过缝隙的效果，如图 9-18 所示。

图9-17 体积雾效果

图9-18 体积光效果

9.2.2 范例解析——制作"水底世界"

本案例将使用雾和体积光效果模拟太阳光照射到水面以下的效果，案例制作完成后的效果如图 9-19 所示。

图9-19　"水底世界"设计效果

【设计思路】

- 创建雾效果。
- 调整雾效果参数。
- 创建体积光。
- 调整体积光参数。

【步骤提示】

1. 制作雾效果。

(1) 打开制作模板，如图 9-20 所示。

① 打开附盘文件"素材\第 9 章\水底世界\水底世界.max"。

② 场景中制作了海底沙面，并加入了鱼和水草等海底生物。

③ 场景中添加了一个平行光和一个天光用于照明。

④ 场景中添加了一个摄影机，并选择摄影机视图。

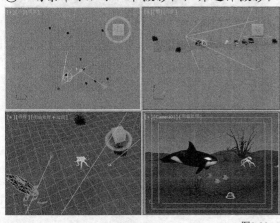

图9-20　打开模板

(2) 添加雾效果，如图 9-21 所示。

① 按 ⑧ 键打开【环境和效果】窗口。

② 在【大气】卷展栏中单击 添加... 按钮。

③　双击【雾】为场景添加雾效果。

④　初次渲染摄影机视图。

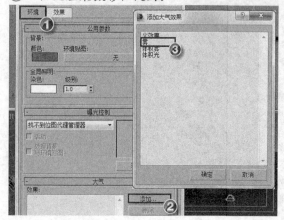

图9-21　添加雾效果

(3)　调整雾效果，如图 9-22 所示。

①　单击【颜色】色块。

②　设置颜色参数。

③　在【雾参数】卷展栏中选择【指数】复选项。

④　设置【远端】参数为 "80"。

⑤　再次渲染场景。

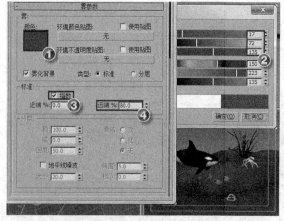
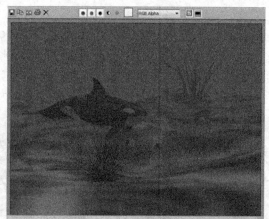

图9-22　调整雾效果

2.　制作体积光效果。

(1)　创建体积光，如图 9-23 所示。

①　按 8 键打开【环境和效果】窗口，在【大气】卷展栏中单击 添加... 按钮。

②　双击【体积光】选项。

③　单击 拾取灯光 按钮。

④　按 H 键打开【拾取对象】窗口。

⑤　双击列表中的【Direct01】灯光。

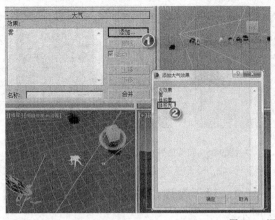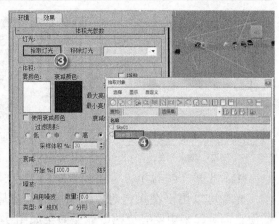

图9-23　添加体积光效果

(2)　调整体积光参数，如图 9-24 所示。

①　设置【密度】和【最大亮度】参数。

②　设置【过滤阴影】为【高】。

③　设置【衰减】参数。最后获得的设计效果如图 9-24 右图所示。

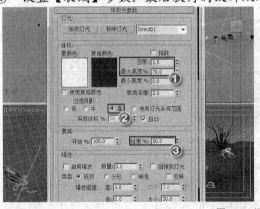

图9-24　调整体积光参数

(3)　按 Ctrl+S 组合键保存场景文件到指定目录，本案例制作完成。

9.3　使用特效设置

通过使用 3ds Max 2014 中的环境设置，可以方便地实现雾、体积光、火焰等效果，通过添加效果可以实现光环、光晕、模糊等特效。

9.3.1　基础知识——特效的应用

在 3ds Max 2014 中提供了 10 种特效效果，如图 9-25 所示。其中常用的有运动模糊、镜头效果、模糊、景深和胶片颗粒等，下面简要介绍几种常用特效。

一、镜头效果

镜头效果用于模拟与镜头相关的各种真实效果，包括光晕、光环、射线、自动二级光斑、手动二级光斑、星形和条纹 7 个类型，如图 9-26 所示。

镜头效果列表

效果图

图9-25 效果列表　　　　　　　　　　　　　　　图9-26 镜头效果

(1) 光晕（Glow）。

光晕可以用于在指定对象的周围添加光环。例如，对于爆炸粒子系统，给粒子添加光晕使它们看起来更明亮更热，光晕效果如图 9-27 所示。

(2) 光环（Ring）。

光环是环绕源对象中心的环形彩色条带，其效果如图 9-28 所示。

(3) 射线（Ray）

射线是从源对象中心发出的明亮直线，为对象提供亮度很高的效果。使用射线可以模拟摄影机镜头元件的划痕，其效果如图 9-29 所示。

图9-27 光晕效果　　　　　　　图9-28 光环效果　　　　　　　图9-29 射线效果

(4) 自动/手动二级光斑（Auto/Manual Secondary）。

二级光斑是可以正常看到的一些小圆，沿着与摄影机位置相对的轴从镜头光斑源中发出，如图 9-30 所示。这些光斑是由灯光穿过摄影机中不同的镜头元素折射而产生。随着摄影机的位置相对于源对象更改，二级光斑也随之移动。

(5) 星形（Star）。

星形比射线效果要大，由 0～30 个辐射线组成，而不像射线由数百个辐射线组成，如图 9-31 所示。

(6) 条纹（Streak）。

条纹是穿过源对象中心的条带，如图 9-32 所示。在实际使用摄影机时，使用失真镜头拍摄场景时会产生条纹。

图9-30 二级光斑效果　　　　　图9-31 星形效果　　　　　　　图9-32 条纹效果

二、 模糊

模糊特效提供了 3 种不同的方法使图像变模糊：均匀型、方向型和径向型，如图 9-33 所示。

原始效果

均匀型

方向型

径向型

图9-33　模糊效果

三、 景深

景深效果模拟是在通过摄影机镜头观看时，前景和背景的场景元素的自然模糊，如图 9-34 所示。

四、 胶片颗粒

胶片颗粒用于在渲染场景中重新创建胶片颗粒的效果，如图 9-35 所示。

图9-34　景深效果

图9-35　将胶片颗粒应用于场景前后

9.3.2　范例解析——制作"浪漫烛光"

本案例将通过添加镜头效果制作一个浪漫的心形烛光场景，案例制作完成后的效果如图 9-36 所示。

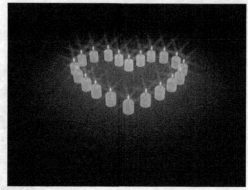

图9-36　"浪漫烛光"设计效果

【设计思路】

- 创建并调整火焰容器。
- 为火焰容器添加"火"效果。
- 使用泛光灯制作灯光特效。
- 在场景中加入"镜头效果"。

【操作步骤】

1. 制作火焰效果。

(1) 打开制作模板。

① 打开附盘文件"素材\第 9 章\浪漫烛光\浪漫烛光.max"。

② 场景中制作了一根蜡烛模型，如图 9-37 所示。

③ 蜡烛的渲染效果如图 9-38 所示。

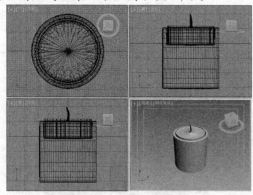

图9-37　设计场景

图9-38　渲染效果

(2) 创建火焰容器，如图 9-39 所示。

① 在【创建】面板中单击 按钮。

② 设置创建对象类型为【大气装置】。

③ 单击 球体 Gizmo 按钮。

④ 在【顶视图】绘制一个球体 Gizmo，设置【半径】为"20"。

(3) 调整火焰容器，如图 9-40 所示。

① 选中球体 Gizmo，用鼠标右键单击 按钮，设置 z 轴缩放参数。

② 按 W 键调整其位置。

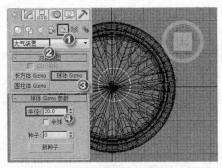

图9-39　创建火焰容器

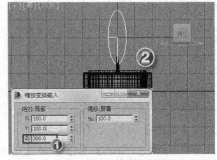

图9-40　调整火焰容器

(4)　添加火效果，如图 9-41 所示。

①　按 8 键打开【环境和效果】窗口。

②　在【大气】卷展栏中单击 添加... 按钮。

③　双击【火效果】选项。

④　在【火效果】参数卷展栏中单击 拾取 Gizmo 按钮。

⑤　选择绘制的球体 Gizmo。

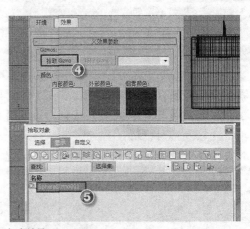

图9-41　添加火效果

(5)　调整火焰效果，如图 9-42 和图 9-43 所示。

①　设置【火焰类型】为【火舌】。

②　设置【规则性】、【火焰大小】和【密度】等参数。

③　渲染透视图。

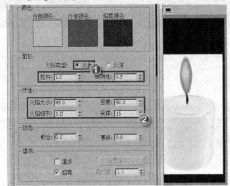

图9-42　调整火焰效果

图9-43　渲染结果

2.　制作灯光特效。

(1)　添加灯光，如图 9-44 所示。

①　在【创建】面板中单击 按钮。

②　设置创建对象类型为【标准】。

③　单击　泛光　按钮。

④　在球体 Gizmo 的中心单击创建一盏泛光灯。

⑤　设置【阴影】类型为【区域阴影】。

⑥　在【强度/颜色/衰减】卷展栏中设置灯光相关参数。

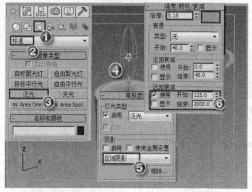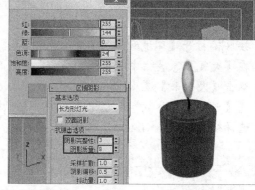

图9-44　添加灯光

(2)　添加镜头效果，如图 9-45 所示。

①　按 8 键打开【环境和效果】窗口，进入【效果】选项卡。

②　单击　添加...　按钮。

③　双击【镜头效果】选项。结果如图 9-45 右图所示。

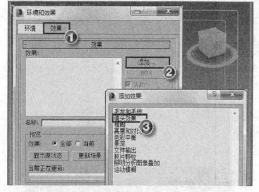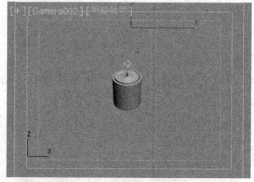

图9-45　添加镜头效果

(3)　设置镜头效果参数，如图 9-46 和图 9-47 所示。

①　在左侧的列表中选中【星形】选项。

②　单击 > 按钮添加效果。

③　在【镜头效果全局】卷展栏中单击　拾取灯光　按钮。

④　按 H 键打开【拾取对象】窗口，双击选中列表中的灯光。

⑤　在【星形元素】卷展栏中设置星形参数。

⑥　在【镜头效果全局】卷展栏中设置镜头效果参数。结果如图 9-47 右图所示。

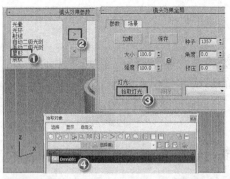
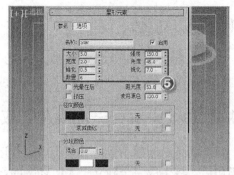

图9-46　设置镜头效果参数1

图9-47　设置镜头效果参数2

3. 调整最终效果。

(1) 复制蜡烛。

① 在【顶视图】中框选场景中的所有对象，按住 Shift 键不放，拖动选中对象进行复制，单击 确定 按钮完成复制，如图9-48所示。

② 继续进行复制并调整位置，最后获得的设计效果如图9-49所示。

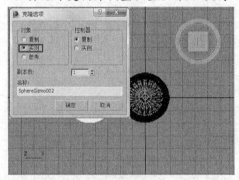
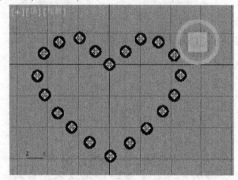

图9-48　复制蜡烛1　　　　　　　　　　　　　　　图9-49　复制蜡烛2

要点提示 在调整心形时，可先将复制出的对象摆放到几个特殊的位置，再对心形进行完善。

(2) 添加地板并调整视角。

① 在场景中单击鼠标右键，在弹出的快捷菜单中选择【全部取消隐藏】命令。

② 按 C 键切换到摄影机视图。

(3) 按 Ctrl+S 组合键保存场景文件到指定目录，本案例制作完成。

9.4 渲染对象

渲染是 3ds Max 制作流程的最后一步。所谓渲染就是给场景着色，将场景中的模型、材质、灯光以及大气环境等设置处理成图像或者动画的形式并且保存起来。

9.4.1 功能讲解——渲染及其应用

渲染就是对创建场景的各项程序进行运算，以获得最终设计效果的过程。对场景进行渲染操作后，将生成完全独立于 3ds Max 的影像作品。

一、认识渲染器

渲染器就是用于渲染的工具，渲染器的实质是一套求解算法，渲染器之间的本质区别主要是渲染算法的不同。3ds Max 支持的渲染器非常多，内置的渲染器包括"默认扫描线渲染器"和"mental ray 渲染器"，另外还有大量的外挂渲染器，如 Brazil、VRay、Maxwell、Final Render 等。

二、指定渲染器的方法

在渲染过程中，通常会根据需要指定渲染器的种类，其操作步骤为：按 F10 键打开【渲染设置:默认扫描线渲染器】窗口，在【公用】选项卡底部展开【指定渲染器】卷展栏，单击【产品级】右边的 ⋯ 按钮，弹出【选择渲染器】对话框，在列表框中选择需要的渲染器，单击 确定 按钮完成渲染器的指定，如图 9-50 所示。

图9-50 指定渲染器

三、渲染器公用参数介绍

【公用参数】卷展栏中的参数是最常用到的，如图 9-51 所示，其各分组框的功能说明如下。

(1) 【时间输出】分组框。

【时间输出】分组框主要用于确定要对哪些帧进行渲染。

- 【单帧】: 主要用于渲染静态效果。通常在查看固定的某一帧的效果时使用这种方式。
- 【活动时间段】: 用于渲染动画，使用该选项可以从时间轴开始的第 0 帧渲染动画，直至时间轴最后一帧。

- 【范围】: 该选项允许用户指定一个动画片段进行渲染，其格式为"开始帧"
  至"结束帧"。
- 【帧】: 渲染选定帧。使用该选项可以直接将需要渲染的帧输入其右侧的文本
  框中，单帧用","号隔开，时间段之间用"-"连接。

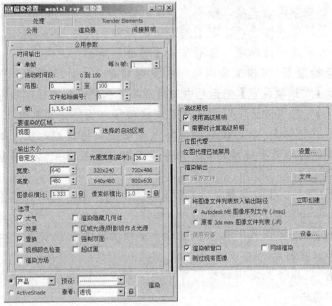

图9-51 【公用参数】卷展栏

(2) 【输出大小】分组框。

【输出大小】分组框主要用于设置输出图像的大小，其中在【自定义】下拉列表中可以指定一些常用的图像大小。另外，系统还为用户提供了一些常用的图像尺寸，并以按钮的形式放置在面板上，用户只需单击相应的按钮即可定义图像的输出尺寸。下面对分组框中的参数进行简要介绍。

- 【光圈宽度(毫米)】: 该选项只有在激活了【自定义】选项后才可用，它不改
  变视口中的图像。
- 【宽度】和【高度】: 用于指定渲染图像的宽度和高度，单位为像素。如果锁
  定了【图像纵横比】，则其中一个数值的改变将影响
  到另外一个数值。
- 预设分辨率按钮组: 单击其中任意一个按钮可以将渲
  染图像的尺寸改变为指定的大小。在这些按钮上单击
  鼠标右键，可以打开【配置预设】对话框，通过该对
  话框可对图像的大小进行设置，如图 9-52 所示。

图9-52 【配置预设】对话框

- 【图像纵横比】: 用于决定渲染图像的长宽比。通过
  设置图像的高度和宽度可以自动决定长度比，也可以通过设置图像的长宽比以
  及高度或者宽度中的某一个数值来决定另外一个选项的数值。长宽比不同，得
  到的图像也不同。
- 【像素纵横比】: 用于决定图像像素本身的长宽比。如果渲染的图像将在非正
  方形像素的设备上显示，那么就应该设置此选项。例如，标准的 NTSC 电视

机的像素的长宽比为 0.9。

(3) 【选项】分组框。

【选项】分组框主要用来选择是否渲染所设置的大气效果、渲染效果、隐藏效果以及是否渲染隐藏物体等。

- 【大气】：如果禁用该选项，则不渲染雾和体积光等大气效果。
- 【效果】：如果禁用该选项，则不渲染镜头光效、火焰等一些特效。
- 【置换】：如果禁用该选项，则不渲染【置换】贴图。
- 【视频颜色检查】：扫描渲染图像，寻找视频颜色之外的颜色。当启用该选项后，将选择【首选项设置】对话框中的【渲染】选项卡下的视频颜色检查选项。
- 【渲染为场】：启用该选项后，将渲染到视频场，而不是视频帧。
- 【渲染隐藏几何体】：启用该选项后将渲染场景中隐藏的对象。如果场景比较复杂，建模时经常需要隐藏对象，而在渲染时又需要渲染这些对象，此时就应启用该选项。
- 【区域光源/阴影视作点光源】：将所有的区域光源或区域阴影都作为发光点来进行渲染，从而可以加速渲染过程。
- 【强制双面】：启用该选项将强制渲染场景中的所有面的背面，这对法线有问题的模型将非常有用。
- 【超级黑】：启用该选项则背景图像变为纯黑色。如果要合成渲染的图像，则该选项非常有用。

(4) 【高级照明】分组框。

【高级照明】分组框中提供了两个关于高级照明的选项。

- 【使用高级照明】：将启用高级照明渲染功能，该选项使用较频繁。
- 【需要时计算高级照明】：在需要的情况下启用高级照明。

(5) 【渲染输出】分组框。

【渲染输出】分组框用于设置渲染输出的文件格式，其操作方法为：单击 文件... 按钮打开【渲染输出文件】对话框，设置文件的保存路径，输入文件名并指定保存类型，如图 9-53 所示。在渲染时将把渲染好的图片或图片序列保存起来。

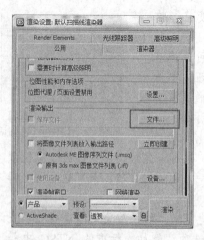

图9-53　输出文件

9.4.2　范例解析——制作"焦散"效果

焦散是透明物体普遍具有的特性，本例将详细介绍使用渲染产生焦散效果的方法，该范例完成后的最终效果如图 9-54 所示。

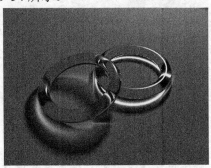

图9-54　"焦散"效果

【设计思路】

- 打开设计场景。
- 为对象设置能量属性。
- 为对象设置渲染参数。
- 渲染产品，获取焦散效果。

【操作步骤】

1. 查看最初效果。

(1) 打开附盘文件"素材\第 9 章\焦散效果\焦散效果.max"，如图 9-55 所示。

(2) 在工具栏中单击 按钮渲染摄影机视图，得到如图 9-56 所示的效果。

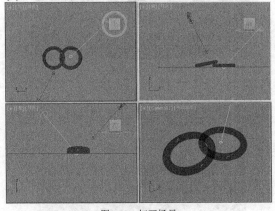

图9-55　打开场景

图9-56　初次渲染场景

2. 设置对象属性，如图 9-57 所示。

(1) 同时选中场景中的两个"圆环"对象，单击鼠标右键，在弹出的快捷菜单中选择【对象属性】命令，打开【对象属性】对话框。

(2) 进入【mental ray】选项卡，在【焦散和全局照明(GI)】分组框中选择【生成焦散】复选项。

(3) 选择场景中的【mr 区域聚光灯 01】。

(4) 在【修改】面板中展开【mental ray 间接照明】卷展栏，设置【能量】参数为"0.1"。

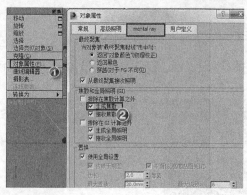 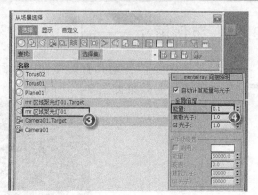

图9-57 设置对象属性

3. 渲染设置。

(1) 按 F10 键打开【渲染设置:NVIDIA mental ray】窗口，进入【全局照明】选项卡，在【焦散和光子贴图(GI)】卷展栏的【焦散】分组框中选择【启用】复选项，设置【每采样最大光子数】参数为 "200"，选择【最大采样半径】复选项，设置参数为 "2.0"，单击【过滤器】后面的下拉列表，选择【圆锥体】选项，如图 9-58 所示。

(2) 渲染摄影机视图，可以看出已经有焦散效果，但场景中还有一些明显的光斑，如图 9-59 所示。

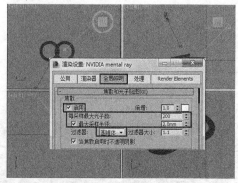 

图9-58 设置渲染器参数1　　　　　　　　　　　图9-59 渲染效果1

4. 提升品质，渲染最终效果。

(1) 在【焦散和全局照明(GI)】卷展栏的【灯光属性】分组框中设置【每个灯光的平均焦散光子】参数为 "500000"，如图 9-60 所示。

(2) 渲染摄影机视图，得到焦散的最终效果如图 9-61 所示。

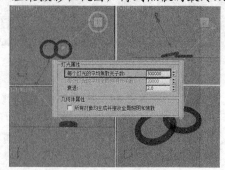 

图9-60 设置渲染器参数2　　　　　　　　　　　图9-61 渲染效果2

【每个灯光的平均焦散光子】参数的值越大，渲染得到的焦散效果就越好，但相应的渲染时间也会越长，用户可根据计算机的性能合理设置该值。

9.5 知识拓展——安全框的使用

读者在出渲染效果图的时候可能会出现渲染效果图范围和用来渲染的视口范围不同的情况，如果要达到出图范围和预期效果一样的话，就必须具备一定的出图经验，对于初学者可以使用安全框功能来辅助出图。

1. 按 Ctrl+O 组合键打开附盘文件 "素材\第 9 章\画室景深效果\画室景深效果.max"。
2. 显示安全框。
(1) 按 C 键切换到摄影机视图。
(2) 在视口左上角用鼠标右键单击【Camera01】。
(3) 在弹出的快捷菜单中选择【显示安全框】命令，如图 9-62 所示。
3. 图 9-63 所示即为显示安全框的效果，此时，在安全以内的区域就是出图的区域了。

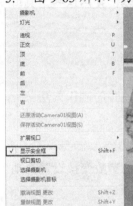　　　　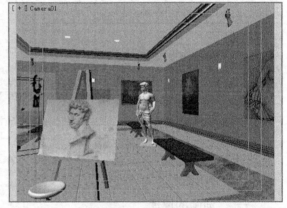

图9-62　【显示安全框】命令　　　　　　　　　　　图9-63　显示安全框效果

9.6 习题

1. 简要说明透视图、灯光视图与摄影机视图的区别。
2. 摄影机的焦距和视野之间有什么联系？
3. 3ds Max 中常用的特效有哪些类型？
4. 如何在场景中添加大气效果。
5. 什么是渲染，如何将作品渲染成视频格式文件？

第10章 制作基本动画

【学习目标】

【学习目标】
- 明确动画的概念以及制作原理。
- 明确关键帧的含义及其在动画制作中的用途。
- 掌握轨迹视图的用法。
- 掌握动画制作的基本流程。

动画是影视特效及三维展示的重要手段，目前，国内外很多三维动画片都使用 3ds Max 来完成。3ds Max 为设计师提供了丰富多样的动画设计工具和动画控制器，使用这些工具可以创建出风格各异的动画作品。

10.1 制作关键点动画

在制作三维动画前，首先了解动画的原理、动画控制工具及关键点动画的制作方法。

10.1.1 基础知识——了解动画的基本知识

动画是连续播放的一系列静止的画面。在 3ds Max 中可以将对象的参数变换设置为动画，这些参数随着时间的推移发生改变就产生了动画效果。

一、 动画的原理

动画是以人类视觉的原理为基础：如果快速查看一系列相关的静态图像，就会感觉到这是一个连续的运动。每个单独的图像称为一帧，如图 10-1 所示。

3ds Max 的动画制作原理和制作电影一样，就是将每个动作分成若干个帧，然后将所有帧连起来播放，就形成了动态的视觉效果。

3ds Max 的动画功能非常强大，既可以通过记录摄影机、灯光、材质的参数变化来制作动画，也可以用动力学系统来模拟各种物理动画，如图 10-2 所示。

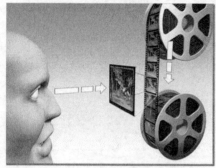

图10-1　动画原理

图10-2　模拟物理现象

二、 创建关键点动画

在 3ds Max 2014 中创建关键点动画有两种方式：一种是"自动关键点"模式，另一种是"设置关键点"模式。

1. 自动关键点模式。

(1) 在场景中创建一个小球，然后赋予其地球贴图材质（也可以打开附盘文件"素材\第 10 章\案例\maps"）。

(2) 在主界面右下方的动画控制区中单击 自动关键点 按钮，开启动画记录模式，如图 10-3 所示。

(3) 将时间滑块移动到第 60 帧，将模型沿 y 轴旋转 180°，如图 10-4 所示。

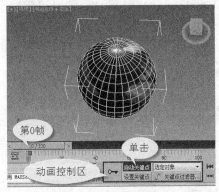

图10-3　开启动画记录模式　　　　　　　　　　图10-4　旋转模型

(4) 在时间控制区中单击 ▶ 按钮，播放动画，可以观看动画效果。

> **要点提示** 单击 自动关键点 按钮后，当前激活的视口以红色边框显示，表示已经开启了自动关键点模式，将时间滑块拖曳到某一帧上，然后对模型进行移动、旋转等操作，系统就会自动将模型的变化记录为动画。

2. 设置关键点模式。

(1) 重新打开"自动关键点模式"中的小球模型。

(2) 在动画控制区中单击 设置关键点 按钮，设置关键点模式。

(3) 在第 0 帧单击 ⟳ 按钮，创建一个关键帧，如图 10-5 所示。

(4) 将时间滑块拖曳到第 60 帧，并移动对象，再次单击 ⟳ 按钮，创建一个关键帧，如图 10-6 所示。

图10-5　创建关键帧 1　　　　　　　　　　图10-6　创建关键帧 2

(5) 在时间控制区中单击 ▶ 按钮，播放动画，可以观看动画效果。

单击 设置关键点 按钮后，开启了设置关键点模式，它能够在独立轨迹上创建关键帧，当一个对象的状态调整至理想状态，可以使用该项状态创建关键帧。如果时间滑块移动到另一个位置而没有设置关键帧（未按下 ⌐ 按钮），那么该状态将被放弃。

三、　认识关键帧

关键帧是指用户设置的动画帧，设置好动画的起始和终止两个关键帧以及中间的动作方式，关键帧之间的所有动画就会由 3ds Max 自动生成。

创建关键点动画后，在时间滑块上将显示关键帧标记。关键帧标记会根据类型的不同用不同的颜色进行显示，红色代表位置信息，绿色代表旋转信息，蓝色代表缩放信息，如图 10-7 所示，关键帧的相关操作如表 10-1 所示。

图10-7　创建关键帧

表 10-1　　　　　　　　　　　　　　　关键帧相关操作

选项	采用方法
移动关键帧	选中需要移动的关键帧，按住鼠标左键并拖曳鼠标光标，即可进行移动
复制关键帧	选中需要复制的关键帧，按住 Shift 键并按住鼠标左键拖曳鼠标光标，然后进行复制
删除关键帧	选中需要删除的关键帧，按 Delete 键进行删除

在遇到多个参数的关键帧时，可以选中关键帧，单击鼠标右键，对需要改变的关键帧进行操作。

四、　时间控制区

时间控制区中的工具如图 10-8 右下角所示，除了具有播放动画的功能外，还可以对动画的时间进行设置，具体的功能如表 10-2 所示。

图10-8　时间控制区

表 10-2　　　　　　　　　　　　　　时间控制区功能

选项	功能介绍
▮◀◀ （转至开头）	将时间滑块移动到活动时间段的第 1 帧
◀▮▮ （上一帧）	将时间滑块移动到上一帧
▶ （播放动画）	在激活的视口中播放动画
▮▮▶ （下一帧）	将时间滑块移动到下一帧
▶▶▮ （转至结尾）	将时间滑块移动到活动时间段的最后一帧
◀▮▶ （关键点模式切换）	在关键帧之间跳转，单击该按钮后单击 ◀▮▮ 按钮或 ▮▮▶ 按钮，可以由一个关键帧跳到下一个关键帧
0	显示时间滑块当前所处的时间位置，在此输入数值后，时间滑块可以跳到相应的时间上
🕘 （时间配置）	单击该按钮，打开【时间配置】对话框，在该对话框中可以对帧速率、时间显示、播放和动画的参数进行设置

五、 【时间配置】对话框

单击如图 10-8 所示的时间控制区右下方的 🕘 按钮，打开【时间配置】对话框，如图 10-9 所示，该对话框中各选项的具体功能如表 10-3 所示。

图10-9　【时间配置】对话框

表 10-3　　　　　　　　　　　【时间配置】对话框各选项的具体功能

分组框	参数	功能介绍
【帧速率】分组框	NTSC	美国和日本视频标准，帧速率为 30 帧/s
	PAL	我国和欧洲视频标准，帧速率为 25 帧/s
	电影	电影胶片标准，帧速率为 24 帧/s
	自定义	选中该项后，可以在下面的【FPS】文本框中自定义帧速率

续表

分组框	参数	功能介绍
【时间显示】分组框	帧	完全使用帧显示时间 这是默认的显示模式。单个帧代表的时间长度取决于所选择的当前帧速率。例如，在 NTSC 视频中每帧代表 1/30 s
	SMPTE	使用电影电视工程师协会格式显示时间 这是一种标准的时间显示格式，适用于大多数专业的动画制作。SMPTE 格式从左到右依次显示分钟、秒和帧
	帧：TICK	使用帧和程序的内部时间增量（称为"tick"）显示时间 每秒包含 4 800 tick，所以实际上可以访问最小为 1/4800s 的时间间隔
	分：秒：TICK	以分钟（min）、秒（s）和 tick 显示时间，其间用冒号分隔。例如，02:16:2240 表示 2min、16s 和 2 240tick
【动画】分组框	开始时间	设置动画的开始时间
	结束时间	设置动画的结束时间
	长度	设置动画的总长度
	帧数	设置可渲染的总帧数，它等于动画的时间总长度加 1
	当前时间	设置时间滑块当前所在的帧
	重缩放时间	单击该按钮后会弹出【重缩放时间】对话框，在改变时间长度的同时，可以把动画的所有关键帧通过增加或减少中间帧的方式缩放到修改后的时间内

10.1.2　范例解析——制作"水墨画"效果

要想灵活运用关键点动画，还需要掌握它各个方面的运用，本案例将结合关键点动画和空间扭曲中的波浪对象做一幅生动而有趣的水墨画效果，如图 10-10 所示。

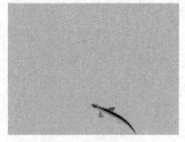

图10-10　"水墨画"设计效果

【设计思路】

- 打开设计模板。
- 创建并复制线性波浪。
- 将鱼绑定到波浪对象。
- 设置各关键帧的动画效果。

【步骤提示】

1. 添加空间扭曲对象。

(1) 打开制作模板，如图 10-11 所示。

① 打开附盘文件"素材\第 10 章\水墨画效果\水墨画效果.max"。
② 对所有的鱼设置材质。
③ 创建一架摄像机，用于对鱼游动的效果进行动画渲染。

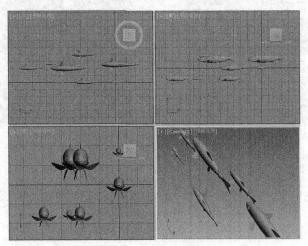

图10-11　打开的场景

(2) 创建线性波浪，如图 10-12 所示。

① 选择菜单命令【创建】/【空间扭曲】/【几何/可变形】/【波浪】，在前视窗口中创建一个"波浪"对象。
② 重命名"波浪"对象为"波浪001"，在【参数】面板中设置参数。
③ 设置"波浪001"的位置坐标和旋转变换参数。

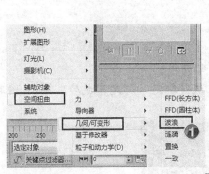
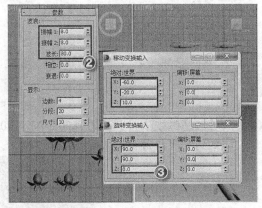

图10-12　创建线性波浪

(3) 复制线性波浪，如图 10-13 所示。

① 选中"波浪001"对象，按 Ctrl+V 组合键打开【克隆选项】对话框，选择【复制】单选项，设置其名称为"波浪02"。
② 在【参数】面板中设置参数。
③ 设置"波浪02"的位置坐标【X】为"-45"，【Y】为"-20"，【Z】为"10"。

203

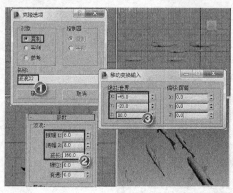

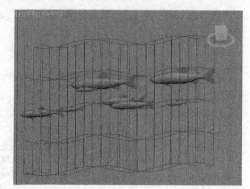

图10-13　复制线性波浪

2.　制作鱼的游动动画。

(1)　绑定对象，如图 10-14 所示。

①　同时选中 "fish06" 和 "fish07" 对象，单击 按钮，单击 按钮，打开【选择空间扭曲】对话框。

②　双击 "波浪 02" 对象。

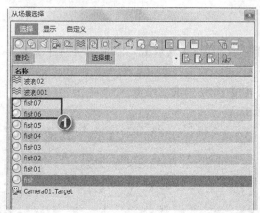

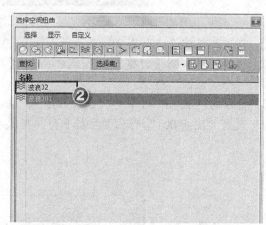

图10-14　绑定对象到空间扭曲 1

(2)　使用同样的方法将剩下的鱼和 "波浪 001" 对象进行绑定，绑定完成后，按 W 键取消绑定到空间扭曲状态，如图 10-15 所示。

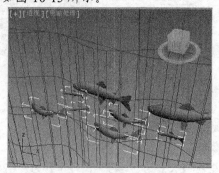

图10-15　绑定对象到空间扭曲 2

(3)　设置所有鱼第 1 帧处的位置，如图 10-16 所示。

①　按 H 键打开【从场景选择】窗口，在【从场景选择】窗口中选中所有的鱼。

② 在前视口中水平向右移动一段距离，直到所有的鱼在摄影机视图外部。

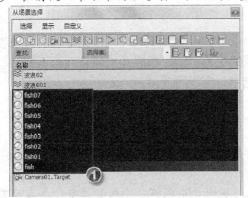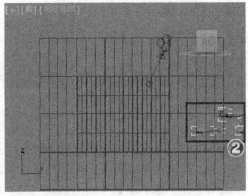

图10-16 设置所有鱼第1帧处的位置

(4) 设置所有鱼第300帧处的位置，如图10-17所示。

① 单击 自动关键点 按钮，启动动画记录模式。

② 移动时间滑块到第300帧。

③ 在前视口中水平向左移动一段距离，直到所有的鱼在摄影机视图外部，单击 自动关键点 按钮关闭动画记录模式。

3. 渲染动画。

(1) 渲染设置，如图10-18所示。

① 按 F10 键，打开【渲染设置】窗口，选择【活动时间段：】单选项。

② 设置输出大小为"640×480"。

③ 设置渲染输出的格式及保存路径。

④ 设置渲染器为【默认扫描线渲染器】，单击 渲染 按钮，开始动画渲染。

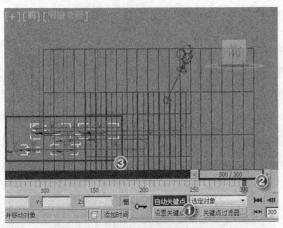

图10-17 设置所有鱼第300帧处的位置　　图10-18 渲染设置

(2) 按 Ctrl+S 组合键保存场景文件到指定目录，本案例制作完成。

10.2 使用"轨迹视图"工具

在现实生活中，物体的运动几乎都是变速运动。例如，重物从高处下落、车辆的起步和停止以及有弹性物体的运动等。要在 3ds Max 中模拟这类运动，单靠关键帧是远远不够的，而利用 3ds Max 提供的轨迹视图中的功能曲线就能起到很好的效果。

10.2.1 基础知识——认识轨迹视图

在轨迹视图中，可以通过设置关键点的属性参数来控制物体的运动方向和轨迹。在介绍这些工具之前，首先来创建一个简单的动画场景。

1. 使用【扩展基本体】中的 软管 工具，在透视视口中创建一个软管模型，参数设置如图 10-19 所示。

2. 单击 自动关键点 按钮启动动画记录模式，移动时间滑块到第 30 帧，将软管在 x 轴的位移设置为"70"，将 z 轴的位移设置为"50"，并将【高度】设置为"80"，如图 10-20 所示。

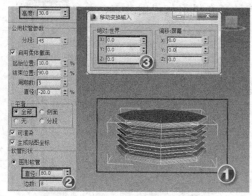

图10-19 创建软管

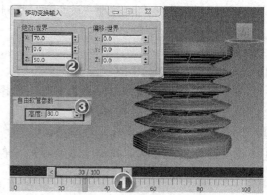

图10-20 设置第 30 帧处的参数

3. 移动时间滑块到第 60 帧，将 x 和 z 的位移分别改为"120"和"0"，并将【高度】改为"30"，如图 10-21 所示。

4. 关闭动画记录模式。选择菜单命令【图形编辑器】/【轨迹视图-曲线编辑器】，打开【轨迹视图-曲线编辑器】窗口，在编辑框中可以看到两条功能曲线，红色代表 x 轴的位移，蓝色代表 z 轴的位移，如图 10-22 所示。

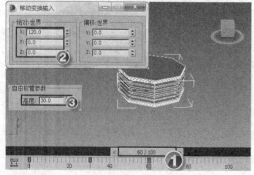

图10-21 设置第 60 帧处的参数

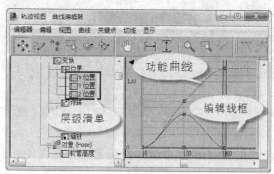

图10-22 【轨迹曲线-曲线编辑器】窗口

进入【轨迹视图-曲线编辑器】窗口的另一种简单方法为：选中需要编辑的对象，单击鼠标右键，在弹出的快捷菜单中选择【曲线编辑器】命令，便可直接进入该对象的【轨迹视图 - 曲线编辑器】窗口。

5. 在层级清单中选择软管的【X 位置】和【Z 位置】两个选项，框选功能曲线上的所有关键点，在工具栏中单击 ⁀ 按钮，这时曲线没有变化，如图 10-23 所示，因为这是功能曲线的默认方式。使用该按钮可以使物体运动的变换进行平滑过渡。

6. 单击 ⁀ 按钮，这时关键点的控制手柄可用于编辑。选择【X 位置】，使用曲线上的中间关键点的控制手柄进行调整，如图 10-24 所示。设置完成后，拖动时间滑块观察，发现软管运动到第 30 帧处，缓冲一下再往前运动。

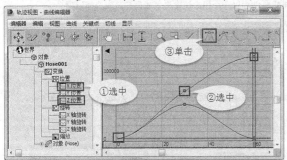

图10-23　软管高度的功能曲线轨迹

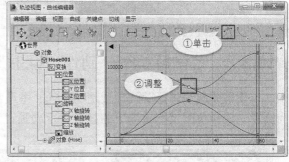

图10-24　设置功能曲线为自定义状态

7. 按 Ctrl+Z 组合键撤销操作，单击 ╲ 按钮，将关键点的功能曲线设置为线性曲线，如图 10-25 所示，操作完成后，拖动时间滑块，观察软管 0 帧～30 帧、30 帧～60 帧都在做匀速运动的状态。

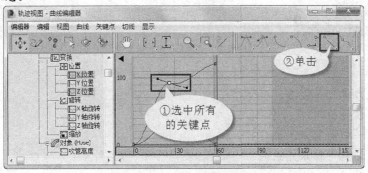

图10-25　设置功能曲线为线性状态

8. 在【轨迹视图 - 曲线编辑器】窗口中选择菜单命令【控制器】/【超出范围类型】，打开【参数曲线超出范围类型】对话框，如图 10-26 所示，其功能如表 10-4 所示。

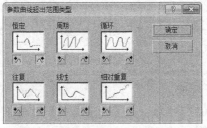

图10-26　【参数曲线超出范围类型】对话框

表 10-4 【参数曲线超出范围类型】对话框中各选项的功能

选项	功能介绍
恒定	在所有帧范围内保留末端关键点的值。如果要在范围的起始关键点之前或结束关键点之后不再使用动画效果,应该使用该选项
周期	在一个范围内重复相同的动画。如果起始关键点和结束关键点的值不同,动画就会从结束帧到起始帧显示出一个突然的"跳跃"效果
循环	在一个范围内重复相同的动画,但是会在范围内的结束帧和起始帧之间进行插值来创建平滑的循环。如果初始和结束关键点同时位于范围的末端,循环实际上就会与周期类似
往复	在动画重复范围内切换向前或是向后
线性	在范围末端沿着切线到功能曲线来控制动画的值。如果想要动画以一个恒定速度进入或离开,应选择该项
相对重复	在一个范围内重复相同的动画,但可以调节重复动画的位置偏移量

10.2.2 范例解析——制作"翻书"效果

使用关键帧进行动画设置是 3ds Max 中最常见的一种动画表达形式,本案例将对对象的位置、旋转角度及修改器下的参数进行动画设置,从而模拟出逼真的翻书效果,如图 10-27 所示。

图10-27 "翻书"设计效果

【设计思路】
- 使用长方体工具创建"书"模型。
- 为模型设置材质。
- 制作翻书动画效果。
- 添加摄影机等场景元素。
- 渲染动画。

【操作步骤】
1. 创建主体模型。
(1) 创建长方体,如图 10-28 所示。
① 在【顶视】窗口中创建一个"长方体"对象,重命名"长方体"对象为"book01"。
② 在【参数】面板中设置参数。
③ 设置对象的位置坐标 x、y、z 全部为"0"。
(2) 复制长方体,如图 10-29 所示。
① 按住 Shift 键拖动"book01"对象,在【克隆选项】对话框中选择【复制】单选项。
② 设置其名称为"book002"。

③ 设置 "book002" 的位置坐标 x、y、z 分别为 "0"、"0"、"8"。

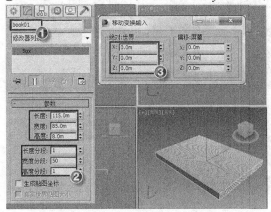

图10-28　创建长方体

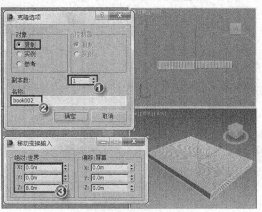

图10-29　复制长方体

2. 设置材质。

(1) 为了贴图操作方便，隐藏名为 "book002" 的对象，如图 10-30 所示。

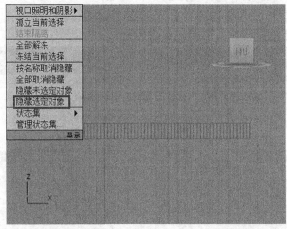

图10-30　隐藏对象

(2) 制作对象 "下部" 材质，如图 10-31 所示。

① 按【M】键打开【材质编辑器】窗口，选中一个空白材质球，重命名材质为 "下部"。

② 单击　Standard　按钮打开【材质/贴图浏览器】对话框。

③ 双击【多维/子对象】选项，打开【替换材质】对话框。

④ 选择【丢弃旧材质？】单选项，然后单击　确定　按钮。

(3) 设置子材质，如图 10-32 所示。

① 在【多维/子对象基本参数】卷展栏中单击　设置数量　按钮，弹出【设置材质数量】对话框。

② 设置数量为 "6"。

③ 单击　无　按钮，在弹出的是【材质/贴图浏览器】对话框选择【标准】选项，进入子材质 1 通道。

④ 重命名材质为 "中页"。

⑤ 为漫反射指定一幅贴图：附盘文件 "素材\第 10 章\翻书效果\maps\正文.jpg"。

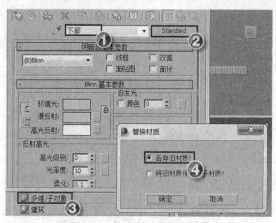

图10-31　制作对象"下部"材质　　　　　　　　　　　图10-32　设置子材质

(4) 设置贴图参数，如图 10-33 所示。

① 在【坐标】卷展栏中设置【瓷砖】的参数均为"1"。

② 在【裁剪/放置】分组框中选择【应用】复选项。

③ 单击 查看图像 按钮，打开【指定裁剪/放置】对话框。

④ 在【指定裁剪/放置】对话框中设置裁剪参数。

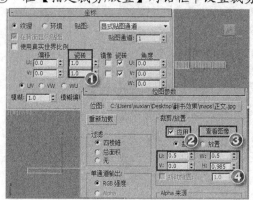

图10-33　设置贴图参数

(5) 使用同样的方法为其他 5 个子材质设置贴图，并修改其名称，以便理解，如图 10-34 所示。

图10-34　设置其余材质贴图

(6) 制作对象"上部"材质，如图 10-35 所示。

选中一个空白材质球，并重命名为"上部"，使用同样的方法创建多维材质，并对子材质进行贴图设置。

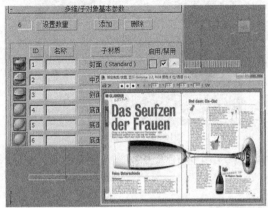

图10-35　制作对象"上部"材质

(7) 取消隐藏"book002"对象，然后将"上部"材质赋予"book01"对象，将"下部"材质赋予"book002"对象，如图10-36所示。

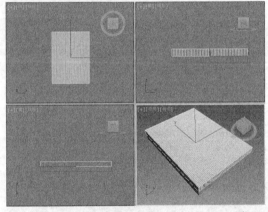

图10-36　添加材质

> **要点提示** 在对"book01"和"book002"对象贴图过程时，一定要进入他们的"box"层级的【参数】面板上取消选择【真实世界贴图大小】复选项，这样才能保证贴图效果正确。

3. 设置动画，如图10-37所示。

(1) 调整"book002"对象的轴心，如图10-37所示。

① 选中"book002"对象，在【层次】面板中单击 仅影响轴 按钮。

② 设置轴的位置坐标 x、y、z 分别为"–42.5"、"0"、"8"。

(2) 为"book002"对象添加【弯曲】修改器，如图10-38所示。

① 在【修改】面板中为"book002"对象添加【弯曲】修改器。

② 设置【弯曲轴】为【X】轴。

③ 设置【限制效果】中的【上限】为"100"。

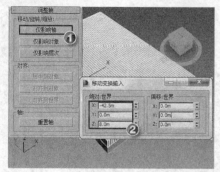

图10-37　调整轴心

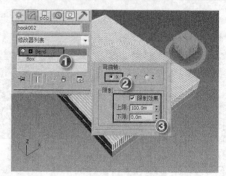

图10-38　添加修改器

(3)　设置"book002"对象第 50 帧处的参数，如图 10-39 所示。

① 单击 自动关键点 按钮，启动动画记录模式。

② 移动时间滑块到第 50 帧。

③ 设置角度值和限制值。

(4)　设置"book002"对象第 100 帧处的参数，如图 10-40 所示。

① 移动时间滑块到第 100 帧。

② 设置角度值和限制值。

③ 设置旋转参数。

④ 设置移动参数，然后单击 自动关键点 按钮，关闭动画记录模式。

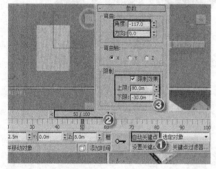

图10-39　设置"book002"对象第 50 帧处的参数

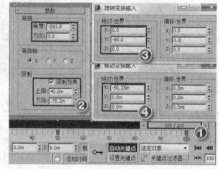

图10-40　设置"book002"对象第 100 帧处的参数

(5)　调整"book002"对象的动画轨迹，如图 10-41 所示。

单击 按钮，打开【轨迹视图-曲线编辑器】窗口，选择"book002"对象的所有功能曲线，设置其轨迹为线性功能曲线。

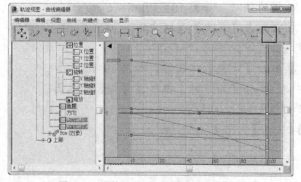

图10-41　调整"book002"对象的动画轨迹

(6) 定位"book002"对象的关键帧，如图 10-42 所示。

选中"book002"对象的【X 位置】、【Z 位置】、【Y 轴旋转】的第 1 个关键帧，在关键帧文本框中输入"50"。

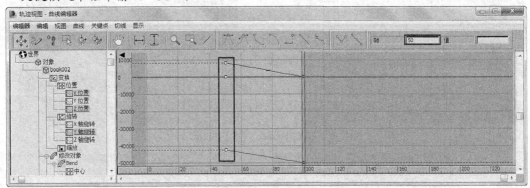

图10-42　定位关键帧

(7) 调整"book01"对象的轴心，如图 10-43 所示。

选中"book01"对象，在【层次】面板中单击　仅影响轴　按钮，设置轴的位置坐标 x、y、z 分别为"–42.5"、"0"、"0"。

(8) 为"book01"对象添加【弯曲】修改器，如图 10-44 所示。

① 在【修改】面板中为"book01"对象添加【弯曲】修改器，设置【弯曲轴】为【X】轴，设置【限制效果】中的【上限】为"12"，【下限】为"–5"。

② 调整"book01"对象轴的位置坐标 x、y、z 分别为"–42.5"、"0"、"8"。

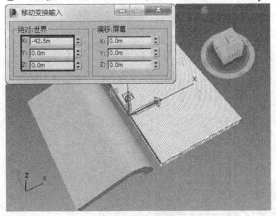

图10-43　调整轴心

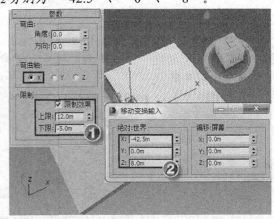

图10-44　为"book01"对象添加【弯曲】修改器

(9) 制作"book01"对象的弯曲动画，如图 10-45 所示。

① 单击 自动关键点 按钮启动动画记录模式，移动时间滑块到第 100 帧，设置角度值和限制值。

② 设置移动参数。

③ 设置旋转参数，单击 自动关键点 按钮关闭动画记录模式。

4. 调整"book01"对象的动画轨迹，如图 10-46 所示。

使用同样的方法将"book01"对象的所有功能曲线设置为线性曲线，选择"book01"对象第 1 帧处的所有关键帧，在关键帧文本框中输入"50"。

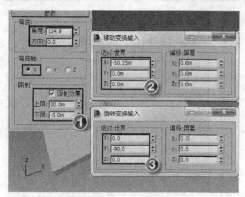
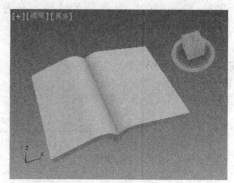

图10-45 制作"book01"对象的弯曲动画

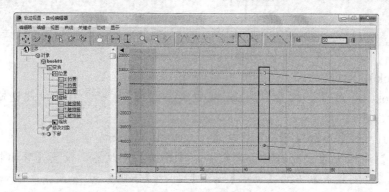

图10-46 调整动画轨迹

5. 添加场景元素

(1) 创建"地面"对象，如图 10-47 所示。

① 在顶视口中创建一个"平面"对象，重命名"平面"对象为"地面"，在【参数】面板中设置参数。

② 设置其位置坐标【X】为"0"，【Y】为"85"，【Z】为"0"。

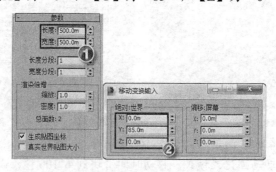

图10-47 创建"地面"对象

(2) 导入"地面"对象所需材质，如图 10-48 所示。

① 按 M 键打开【材质编辑器】窗口，选中一个空白材质球。

② 单击 按钮打开【材质/贴图浏览器】窗口。

③ 选择【打开材质库...】单选项，打开附盘文件"素材\第 10 章\翻书效果\maps\木纹.mat"，双击"木纹"材质，将其赋予到当前材质球上。

④ 将"木纹"材质赋给"地面"对象。

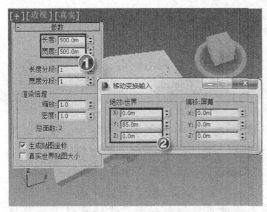

图10-48　导入"地面"材质

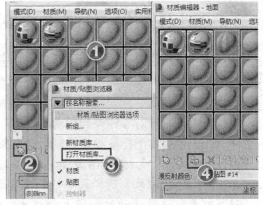

图10-49　导入材质

(3) 创建摄影机。

在【顶视】窗口中创建一个目标摄影机，设置摄影机的位置坐标，如图 10-50 所示。

(4) 创建灯光，如图 10-51 所示。

① 在场景中添加两盏泛光灯，【倍增】设为"0.1"。

② 在场景中添加 1 盏目标聚光灯，【倍增】设为"0.1"。

③ 在场景中添加"天光"。

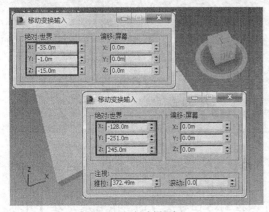

图10-50　创建摄影机

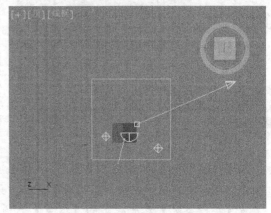

图10-51　创建灯光

6. 渲染动画。

(1) 渲染设置。

① 按 F10 键，打开【渲染设置】窗口。

② 选中【范围】单选项，设置渲染范围为 0~300 帧。

③ 设置输出大小为"640×480"。

④ 设置渲染输出的格式及保存路径。

⑤ 设置渲染器为"mental ray 渲染器"。

⑥ 单击 渲染 按钮，开始动画渲染。

(2) 按 Ctrl+S 组合键保存场景文件到指定目录，本案例制作完成。

10.3 知识拓展——制作约束动画

约束动画可以在对象之间添加约束条件来制作动画，主要有附着约束、曲面约束、路径约束、位置约束、链接约束、注视约束和方向约束等类型，下面简要介绍其中两种。

一、路径约束

路径约束可以将对象约束到运动路径上。运动路径可以是任意类型的样条线，也可以是多个样条线。使用多个样条线是控制运动对象在这些样条线的平均距离上的运动。

1. 打开附盘文件"素材\第 10 章\路径约束\路径约束.max"，其中有 1 个皮球和两条路径。
2. 选中"皮球"对象，选择菜单命令【动画】/【约束】/【路径约束】，然后单击"路径01"对象。这时活动时间段上会自动生成两个关键点，播放动画，皮球已经沿着路径运动，如图 10-52 所示。
3. 通过观察可以发现，皮球的运动还有些呆板，在打开的【运动】面板中的【路径选项】卷展栏下选择【跟随】复选项，并选中【Y】单选项，如图 10-53 所示。再次播放动画，会发现此时皮球会跟随路径的变化自动调整位置。

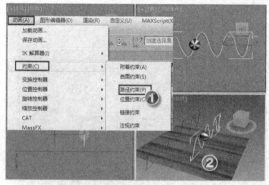

图10-52 选择"路径01"制作动画

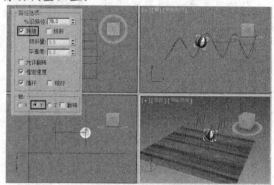

图10-53 设置【路径参数】

4. 在【路径参数】卷展栏下单击 添加路径 按钮，然后在视口中选取"路径 02"对象，可以发现皮球在两条路径中间运动，如图 10-54 所示。
5. 在【路径参数】卷展栏下的【权重】选项可以控制路径对皮球的影响程度，在【目标权重】分组框中选择"路径 01"，然后设置其【权重】值为"20"；再选择"路径02"，设置其【权重】值为"100"，效果如图 10-55 所示。

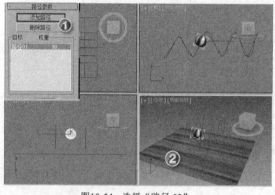

图10-54 选择"路径02"

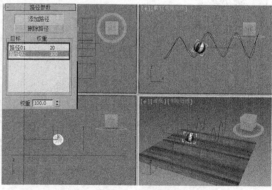

图10-55 设置权重

二、 注视约束

注视约束会控制对象的方向，使它一直注视另一个对象。同时还会锁定对象的旋转度，使对象围绕某个轴点朝向目标对象。例如，控制摄影机环绕某个对象进行旋转等。

1. 在场景中创建一个茶壶、一个小球和一个平面，如图 10-56 所示。
2. 选择"茶壶"对象，选择菜单命令【动画】/【约束】/【注视约束】，然后单击"小球"对象，如图 10-57 所示。

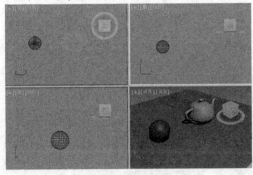
图10-56　创建场景

图10-57　设置注视约束

3. 在添加注视约束之后，茶壶和小球的轴心连线上会出现一条浅蓝色的线，表示已经应用约束，不过这时茶壶反转了方向，这是因为系统在【运动】面板的【注视约束】卷展栏下启用了【翻转】复选项，用户可以根据实际需要决定是否启用该选项，如图 10-58 所示。
4. 观察图 10-58 可以发现茶壶已经不在平面上，并向上偏移了一定角度。选中茶壶，进入【层次】面板，单击 仅影响轴 按钮，然后单击 居中到对象 按钮，将轴的中心移动到茶壶的中心，如图 10-59 所示。
5. 移动小球，可以观察注视约束的动画效果，茶壶始终"注视"着小球的移动。

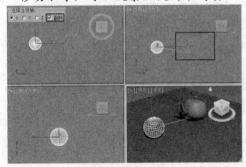
图10-58　调整注视轴

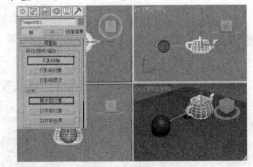
图10-59　调整茶壶本身的轴

10.4　习题

1. 简要说明制作动画的基本原理。
2. 简要说明"自动关键点"模式与"设置关键点"模式在用途上的差异。
3. 什么是关键帧，在动画制作中关键帧有何用途？
4. 轨迹视图在动画制作中有何用途？
5. 渲染动画作品时，应该如何设置渲染参数？

第11章 粒子系统与空间扭曲

【学习目标】

- 明确粒子系统的含义和应用。
- 明确空间扭曲的含义和应用。
- 掌握常用粒子系统主要参数的含义及设置要领。
- 掌握常用空间扭曲的创建方法及其参数设置。

3ds Max 2014 拥有强大的粒子系统，可以创建暴风雪、水流或爆炸等动画效果，常用于制作影视片头动画、影视特效、游戏场景特效以及广告等。空间扭曲常配合粒子系统完成各种特效任务，没有空间扭曲，粒子系统将失去意义。

11.1 粒子系统及其应用

粒子系统常用于制作云、雨、风、火、烟雾以及爆炸等效果，为动画场景增加更加生动逼真的自然特效。

11.1.1 基础知识——认识粒子系统

3ds Max 2014 提供了喷射、雪、超级喷射、暴风雪、粒子阵列和粒子云等粒子系统，以便模拟雪、雨、尘埃等效果，如图 11-1 所示。

一、"雪"粒子

雪粒子可以模拟雪花以及纸屑等物体飘落现象。如图 11-2 所示，在【创建】面板中单击 雪 按钮，按住鼠标左键并拖曳鼠标光标创建雪粒子，其主要参数设置如图 11-3 所示。

图11-1 粒子系统应用示例

图11-2 【创建】面板

- 【视口计数】：设置粒子在视口中显示的总数。

- 【渲染计数】：设置在渲染效果图中渲染的粒子总数。
- 【雪花大小】：设置粒子的尺寸大小，默认值为 "2"。
- 【速度】：设置粒子离开发射器的速度，其值越大，速度越快。
- 【变化】：设置雪花飘落的范围，其值越大，下雪的范围越广。
- 【翻滚】【翻滚速率】：其值越大，雪花的形状样式越多。
- 【雪花】【圆点】【十字叉】：设置视口中显示的雪花形状。
- 【六角形】【三角形】【面】：设置渲染时粒子的显示方式。
- 【开始】：设置粒子开始出现的帧数，默认值为 0，可以设置为负值，使动画开始前就出现粒子。
- 【寿命】：设置粒子从开始到消失所经历的动画帧数，默认值为 "30"。
- 【恒定】：选中后，粒子寿命结束后持续下落到动画结束。
- 【宽度】【长度】：设置粒子发生器大小，从而决定粒子飘落的长度和长度范围。
- 【隐藏】：选中后将隐藏粒子发生器（一个矩形图标）。

二、 "喷射"粒子

喷射粒子主要用于模拟飘落的雨滴、喷射的水流以及水珠等，其用法如下。

1. 在图 11-2 中单击 **喷射** 按钮，然后在顶视口中按住鼠标左键并拖曳鼠标光标创建喷射图标。

2. 按照图 11-4 所示设置粒子参数。

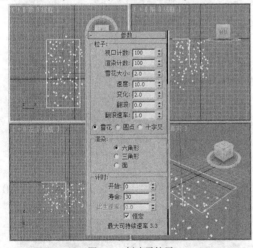

图11-3 创建雪粒子

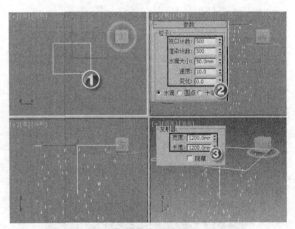

图11-4 创建喷射

3. 拖动时间滑块即可看到类似下雨的效果，如图 11-5 所示。

> **要点提示** "超级喷射"是"喷射"的一种更强大、更高级的版本，"暴风雪"同样也是"雪"的一种更强大、更高级的版本，它们都提供了后者的所有功能以及其他一些特性。

三、 "超级喷射"粒子系统

"超级喷射"是喷射粒子的升级，能够反射受控制的粒子喷射。"超级喷射"从中心发射粒子，与喷射器图标大小无关，图标箭头指示方向为粒子喷射的初始方向，如图 11-6 所示。

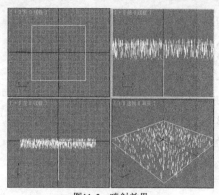

图11-5　喷射效果

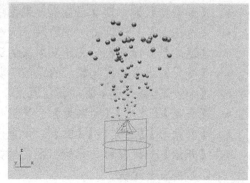

图11-6　"超级喷射"粒子系统

四、"暴风雪"粒子系统

"暴风雪"粒子系统是由一个面发射受控制的粒子喷射，且只能以自身的图标为发射器对象，可以产生变化更为丰富的雪粒子效果，如图 11-7 所示。

五、"粒子云"粒子系统

"粒子云"可以创建一群鸟、一个星空或一队在地面行军的士兵，它可以使用场景中任意具有深度的对象作为体积，如图 11-8 所示。

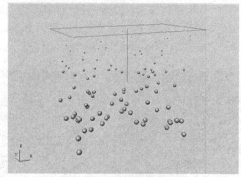

图11-7　"暴风雪"粒子系统

图11-8　"粒子云"粒子系统

六、"粒子阵列"粒子系统

"粒子阵列"粒子系统可将粒子以不同方式分布在几何体对象上，如图 11-9 和图 11-10 所示。

图11-9　"粒子阵列"粒子系统

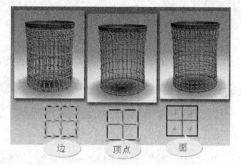

图11-10　"粒子阵列"的粒子分布

下面以"粒子阵列"粒子系统为例对重要参数作一下介绍，如表 11-1 所示。

参数名称	功能
粒子分布	此分组框中的选项用于确定标准粒子在基于对象的发射器曲面上最初的分布方式。如果在【粒子类型】卷展栏中选择了【对象碎片】单选项，则这些控件不可用
粒子类型	● 变形球形粒子：彼此接触的球形粒子将会互相融合，主要用于制作液体效果 ● 对象碎片：使用发射器对象的碎片创建粒子。只有粒子阵列可以使用对象碎片，主要用于创建爆炸或破碎动画 ● 实例几何体：拾取场景中的几何体作为粒子，实例几何体粒子对创建人群、畜群或细致的对象流非常有效 一个"粒子阵列"粒子系统只能使用一种粒子。不过，一个对象可以绑定多个粒子阵列，每个粒子阵列可以发射不同类型的粒子
碰撞后消亡	粒子在碰撞到绑定的导向器（例如导向球）时消失
碰撞后繁殖	在与绑定的导向器碰撞时产生繁殖效果
消亡后繁殖	在每个粒子的寿命结束时产生繁殖效果
方向混乱	指定繁殖的粒子的方向可以从父粒子的方向变化的量。将粒子的数量设置大些，此项目效果的观察将会很明显
速度混乱	可以随机改变繁殖的粒子与父粒子的相对速度
缩放混乱	对粒子应用随机缩放
繁殖拖尾	在每帧处，从现有粒子繁殖新粒子，但新生成的粒子并不运动

表 11-1　　"粒子阵列"粒子系统重要参数说明

11.1.2　范例解析——制作"泉涌"

本例通过使用"超级喷射"粒子及空间扭曲中的"全导向器"和"重力"来模拟泉水涌出的效果，如图 11-11 所示。

图11-11　"泉涌"最终效果

【设计思路】

● 使用"超级喷射"工具创建"涌泉"效果。
● 制作粒子喷射动画。
● 为对象赋予材质。

【操作步骤】

1. 创建"超级喷射"粒子，如图 11-12 所示。

(1) 打开附盘文件"素材\第 11 章\泉涌\泉涌-模板.max"。

(2) 在菜单栏中单击【命令选择集】 [创建选择集 ▼] 的下拉按钮，选择【井-围栏-地面】选择集。

(3) 在弹出的警示对话框中单击 [否(N)] 按钮。

(4) 在任一窗口中单击鼠标右键，在弹出的快捷菜单中选择【隐藏未选定对象】命令。

(5) 单击进入【创建】面板中的 ○ 子菜单栏，在下拉列表中选择【粒子系统】，单击 [超级喷射] 按钮，在顶视图上拖曳出一个"超级喷射"对象，保持默认命名 "SuperSpray001"。

(6) 在【修改】面板中设置"SuperSpray001"的参数及位置。

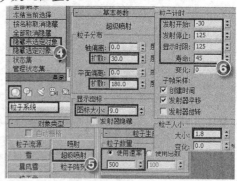

图11-12　创建对象并设置参数

要点提示　1.为便于读者对本例的制作，模板中隐藏了部分场景元素，读者需要时可在任一窗口中单击鼠标右键，在弹出的快捷菜单中选择【全部取消隐藏】命令。

2.【扩散】是指角度的发散，读者可多尝试几个扩散角度以加深理解。

3.读者可通过调低【使用速率】中的数值来降低电脑运行的负荷。

4.将【发射开始】设为负数可使粒子在动画开始播放时就已经有了一定量的喷射。

播放动画观看，发现粒子已经喷射出来，如图 11-13 所示，但是没有"涌泉"效果，正确的效果应是粒子涌出一段高度后下落，下面将实现这个效果。

2. 制作粒子动画。

(1) 单击进入【创建】面板中的【空间扭曲】 ≋ 子菜单栏，在下拉列表中选择【力】，单击 [重力] 按钮，在顶视图上拖曳出一个"重力"对象，保持默认命名 "Gravity001"，按照图 11-14 所示设置其参数。

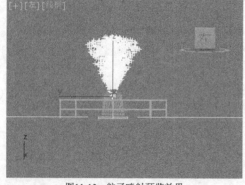
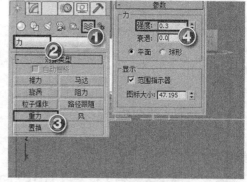

图11-13　粒子喷射预览效果　　　　　　　图11-14　创建重力

(2) 在【空间扭曲】菜单栏的下拉列表中选择【导向器】，单击 [全导向器] 按钮，在顶视口上分别拖曳出两个"全导向器"对象，保持默认命名"UDeflector001"和"UDeflector002"，按照图 11-15 所示设置它们的参数。

> **要点提示** 这里使用的"全导向器"和"重力"都属于空间扭曲对象，其详细知识将在 11.2 节中介绍，读者先明确其功能。注意："全导向器"和"重力"的位置并不会影响它们的作用。

(3) 单击 ⬚ 按钮，在"超级喷射"粒子上按下鼠标左键并拖动鼠标光标至"Gravity001"图标上，然后松开鼠标左键，将"超级喷射"粒子绑定到"Gravity001"上，如图 11-16 所示。

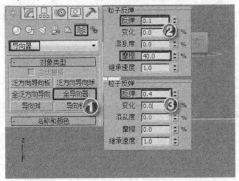

图11-15 创建全导向器

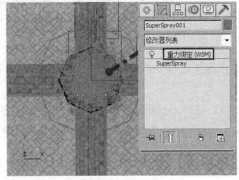

图11-16 绑定对象 1

(4) 使用同样的方法将"超级喷射"粒子绑定到空间扭曲"UDeflector001"和"UDeflector002"上，如图 11-17 所示。

播放动画观看，此时的"超级喷射"粒子已经有了涌泉的动画效果，如图 11-18 所示，但是缺少水的质感，下面将为粒子赋予材质。

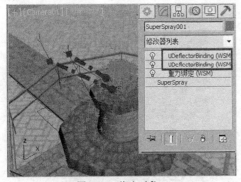

图11-17 绑定对象 2

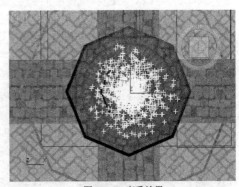

图11-18 查看效果

3. 为粒子赋予材质，如图 11-19 所示。

(1) 按 M 键打开【材质编辑器】，将"水"材质球拖放到"超级喷射"粒子上。

(2) 在"超级喷射"粒子上单击鼠标右键，在弹出的快捷菜单中选择【对象属性】命令。

(3) 打开【对象属性】对话框，设置其参数。

(4) 在任意窗口中单击鼠标右键，在弹出的快捷菜单中选择【全部取消隐藏】命令。

(5) 重新渲染动画，查看渲染效果。

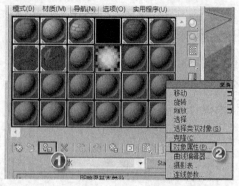
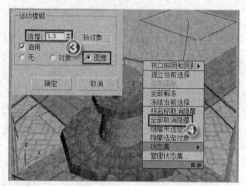

图11-19　赋予材质

11.2 "力"空间扭曲及其应用

"力"空间扭曲可以看作是一种控制场景对象运动的无形力量,例如重力、风力和推力等,用来模拟真实世界中存在的"力效果",通常与"粒子系统"配合使用。

11.2.1 基础知识——认识"力"空间扭曲

"力"空间扭曲可以模拟环境中的各种"力"效果,能创建使其他对象变形的力场,从而创建出爆炸、涟漪、波浪等效果,如图 11-20 所示。

一、 "推力"空间扭曲

"推力"可以产生均匀的单向力,使粒子在某一方向上加速或减速,如图 11-21 所示。

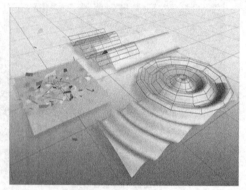

图11-20　空间扭曲

图11-21　"推力"空间扭曲

二、 "马达"空间扭曲

"马达"的工作方式类似于推力,但"马达"对受影响的粒子或对象应用的是转动扭矩而不是定向力,如图 11-22 所示。

三、 "漩涡"空间扭曲

"漩涡"可以使粒子在急转的漩涡中旋转,还能使其向下移动成一个长而窄的喷流或者旋涡井,可以用于创建黑洞、涡流、龙卷风和其他漏斗状对象,如图 11-23 所示。

图11-22　"马达"空间扭曲

图11-23　"漩涡"空间扭曲

四、"阻力"空间扭曲

"阻力"是一种在指定范围内按照指定量降低粒子速率的阻尼器，常用于模拟风阻、致密介质（如水）中的移动、力场的影响以及其他类似的情景，如图 11-24 所示。

五、"粒子爆炸"空间扭曲

"粒子爆炸"能创建一种粒子系统爆炸的冲击波，尤其适合于"粒子阵列"系统。该空间扭曲还会将冲击作为一种动力学效果加以应用，如图 11-25 所示。

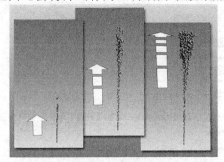

图11-24　"阻力"空间扭曲

图11-25　"粒子爆炸"空间扭曲

六、"路径跟随"空间扭曲

"路径跟随"可以强制粒子对象沿螺旋形路径运动，如图 11-26 所示。

七、"重力"空间扭曲

"重力"可以在粒子系统所产生的粒子上对自然重力的效果进行模拟，从而使物体产生由于自重而下坠的效果，如图 11-27 所示。

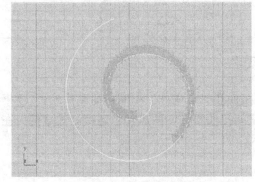

图11-26　"路径跟随"空间扭曲

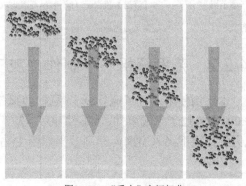

图11-27　"重力"空间扭曲

八、"风"空间扭曲

"风"可以模拟风吹动粒子系统所产生的粒子运动路径改变效果，如图 11-28 所示。

九、"置换"空间扭曲

"置换"以力场的形式推动和重塑对象的几何外形。置换对几何体（可变形对象）和粒子系统都会产生影响，如图 11-29 所示。

图11-28 "风"空间扭曲

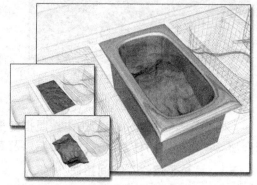

图11-29 "置换"空间扭曲

下面以"风"空间扭曲为例，对其参数加以讲解，如表 11-2 所示（其他"力"空间扭曲的参数设置也可以触类旁通了）。

表 11-2 "风"空间扭曲重要参数说明

参数名称	功能
强度	增加【强度】值会增加风力效果。小于"0"的强度会产生吸力
衰退	设置【衰退】值为"0"时，风力扭曲在整个世界空间内有相同的强度。增加【衰退】值会导致风力强度从风力扭曲对象的所在位置开始随距离的增加而减弱
平面	风力效果的方向与图标箭头方向相同，且此效果贯穿于整个场景
球形	风力效果为球形，以风力扭曲对象为中心向四周辐射
湍流	使粒子在被风吹动时随机改变路线
频率	当其设置大于"0"时，会使湍流效果随时间呈周期变化。这种微妙的效果可能无法看见，除非绑定的粒子系统生成的粒子数量很大
比例	缩放湍流效果。当【比例】值较小时，湍流效果会更平滑、更规则。当【比例】值增加时，湍流效果会变得更不规则、更混乱
指示器范围	当【衰退】值大于"0"时，可用此功能在视口中指示风力为最大值一半时的范围
图标大小	控制风力图标的大小，该值不会改变风力效果

11.2.2 范例解析——制作"灰飞烟灭"

本案例使用"粒子流"粒子系统、"风"空间扭曲和"导向球"空间扭曲制作动画。"事件 001"为粒子生成事件，"事件 002"为"风"空间扭曲事件，两事件由碰撞测试链接，在风力的作用下飞入空间，动画效果如图 11-30 所示。

图11-30　"灰飞烟灭"设计效果

【设计思路】

- 使用"粒子流源"工具创建"沙粒"。
- 设置粒子的发射参数和粒子事件。
- 创建"风"空间扭曲。
- 创建"阻力"和"导向球"。
- 创建"沙粒"飞舞动画。

【步骤提示】

1. 设置"沙粒"的生成。

(1) 打开制作模板，如图 11-31 所示。

① 按 Ctrl+O 组合键打开附盘文件"素材\第 11 章\灰飞烟灭\灰飞烟灭.max"。

② 场景中创建了一架手部骨骼。

③ 场景中创建了一个"沙粒"材质、一个"骨骼"材质和一个"底板"材质。

④ 场景中创建了一架摄影机，用来对动画进行渲染（摄影机已隐藏，读者可在【显示】面板中取消摄影机类别的隐藏）。

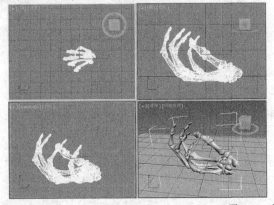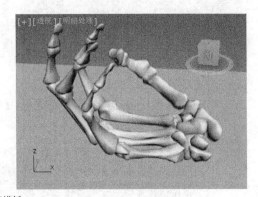

图11-31　打开模板

(2) 创建"沙粒"，如图 11-32 所示。

① 选择【创建】面板的创建类别为【粒子系统】。

② 单击 粒子流源 按钮。

③ 在前视口中创建粒子流，将"粒子流源"对象重命名为"沙粒"。

 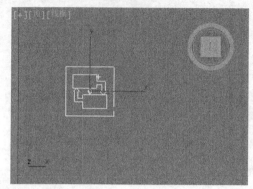

图11-32　创建"沙粒"

> **要点提示**　在顶视口中创建超级喷射时，会无法看到所创建的图标，这是由于图标被托盘遮挡，为避免
> 造成"丢失"，请读者创建完成后直接使用移动工具将其移出。

(3)　设置粒子的发射参数，如图 11-33 所示。

①　选中"沙粒"对象，在【修改】面板中单击 <u>　　粒子视图　　</u> 按钮打开【粒子视图】界面。

②　使用【仓库】中的【位置对象】操作符替换"沙粒"中的【位置图标 001(体积)】操作符。

③　选中【位置对象 001】。

④　在界面右侧的【位置对象 001】卷展栏中单击 <u>按列表</u> 按钮，选中"手"对象。

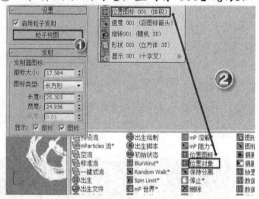 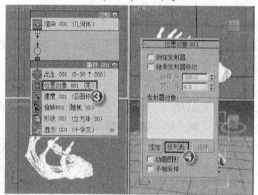

图11-33　设置粒子的发射参数

(4)　设置"事件 001"。

删除【速度 001(沿图标箭头)】和【旋转 001(随机 3D)】操作符，设置其他操作符参
数，如图 11-34 所示。

> **要点提示**　本案例需要"沙粒"的初始状态为静止的附着于"手"的表面，不需要在"手"的表面逐渐
> 生成，因此将"发射开始"和"发射停止"都设为"0"。
> 本案例需要的粒子数目较多，为不影响电脑的运算速度，目前将"数量"参数保持默认，待
> 渲染输出时再调至所需大小。

2.　创建空间扭曲。

(1)　创建"风 01"，如图 11-35 所示。

①　选择【创建】面板的创建类别为【力】。

②　单击 <u>　　风　　</u> 按钮。

③ 在顶视口中创建"风"，将"风"对象重命名为"风01"。

④ 在【修改】面板中设置参数。

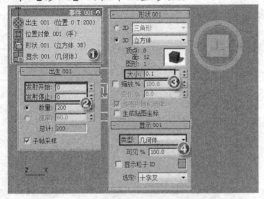

图11-34　设置"事件001"

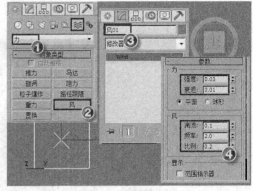

图11-35　创建"风01"

(2) 创建"风02"，如图11-36所示。

① 在顶视口中创建"风"。

② 将"风"对象重命名为"风02"。

③ 在【修改】面板中设置参数。

要点提示　本案例中设置两个相同方向的"风"是为使"沙粒"飞舞得更自然。

(3) 创建"风03"，如图11-37所示。

① 在右视口中创建"风"。

② 将"风"对象重命名为"风03"。

③ 在【修改】面板中设置参数。

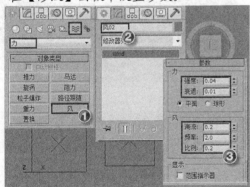

图11-36　创建"风02"

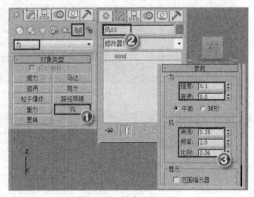

图11-37　创建"风03"

(4) 创建"阻力"，如图11-38所示。

① 选择【创建】面板的创建类别为【力】。

② 单击　阻力　按钮。

③ 在顶视口中创建阻力，将"阻力"对象重命名为"阻力"。

④ 在【修改】面板中设置参数。

(5) 创建"导向球"，如图11-39所示。

① 选择【创建】面板的创建类别为【导向器】。

② 单击 [导向球] 按钮。

③ 在顶视口中创建导向球，将"导向球"对象重命名为"导向球"。

④ 在【修改】面板中设置参数。

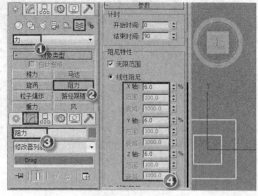

图11-38　创建阻力

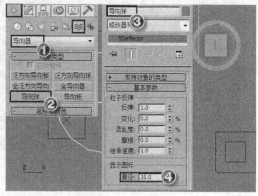

图11-39　创建"导向球"

(6) 为"导向球"设置动画，如图 11-40 所示。

设置第 0 帧处"导向球"的位置，单击 [自动关键点] 按钮，设置第 80 帧处"导向球"的位置，单击 [自动关键点] 按钮。

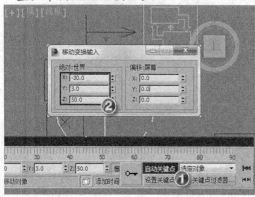

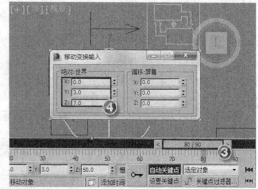

图11-40　设置动画

> **要点提示** 本案例将利用"导向球"的碰撞作为测试以传递粒子，因此，导向球必须逐渐地碰触到"手"的每个位置。

3. 设置"沙粒"飞舞动画。

(1) 创建"事件 002"，如图 11-41 所示。

① 在【粒子视图】中将【碰撞 001(无)】测试添加到"事件 001"中。

② 将【力 001（无）】操作符拖入【粒子视图】中的空白区域，以创建"事件 002"。

③ 将【删除 001（全部）】操作符添加到"事件 002"中。

④ 链接"事件 001"与"事件 002"事件。

⑤ 设置相应参数。

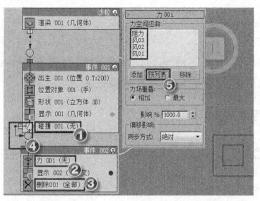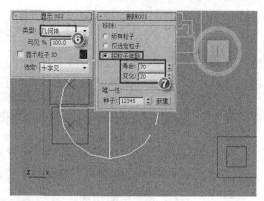

图11-41　创建"事件 002"

4．　渲染设置。

(1)　为"沙粒"赋予材质，如图 11-42 所示。

①　在【粒子视图】中为"沙粒"对象添加【材质静态】操作符。

②　将"沙粒"材质球拖放到【材质静态 001】【参数界面】中的 ［　　无　　］ 按钮上。

③　在弹出的【实例(副本)材质】对话框中选择【实例】单选项。

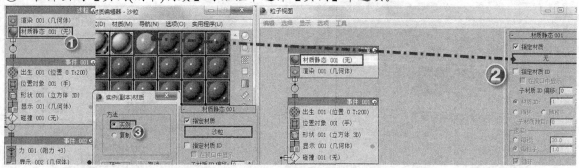

图11-42　为"沙粒"赋予材质

(2)　渲染前设置，如图 11-43 所示。

①　选中"手"对象，在窗口空白处单击鼠标右键，选择【隐藏选定对象】命令。

②　在【粒子视图】中选中【出生 001(位置 0 T:2000)】操作符。

③　设置【数量】参数。

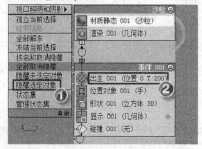

图11-43　渲染前设置

(3)　使用"Camera01"摄影机视图渲染，即可得到如图 11-30 所示的动画效果。

11.3 "导向器"空间扭曲及其应用

在现实世界中，当水流等粒子系统在重力作用下产生流动时，难免会碰到岩石等障碍物，这时水流会受到阻碍。"导向器"空间扭曲可以为粒子运动设置类似的障碍。

11.3.1 基础知识——认识"导向器"空间扭曲

3ds Max 2014 为用户提供了多种"导向器"空间扭曲，其使用方法及工作方式比较类似，这里介绍两个比较典型的"导向器"空间扭曲。

一、"导向球"空间扭曲

"导向球"起着球形粒子导向器的作用，粒子碰撞到导向器的球形图标后便会产生相应的运动变化（如反弹或改变路径等），如图 11-44 所示。

二、"全导向器"空间扭曲

"全导向器"能让用户使用任意对象作为粒子导向器，在场景中选取任意几何体作为导向器对象后，粒子运动与之发生碰撞后都会产生反弹等现象，如图 11-45 所示。

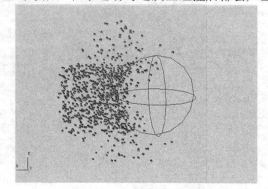

图11-44 "导向球"空间扭曲

图11-45 "全导向器"空间扭曲

下面以"全导向器"空间扭曲为例，对参数进行说明，具体如表 11-3 所示。

表 11-3 "全导向器"空间扭曲重要参数说明

参数名称	功能
项目	显示选定对象的名称
拾取对象	单击该按钮，然后单击要用做导向器的任何可渲染网格对象
反弹	决定粒子从导向器反弹的速度。该值为"1"时，粒子以与接近导向器时相同的速度反弹。该值为"0"时，它们根本不会偏转
变化	每个粒子所能偏离【反弹】设置的量
混乱度	偏离完全反射角度（当将【混乱度】设置为"0"时的角度）的变化量。设置为100%时会导致反射角度的最大变化为90
摩擦	粒子沿导向器表面移动时减慢的量
继承速度	当该值大于"0"时，导向器的运动会和其他设置一样对粒子产生影响
图标大小	控制导向器图标的大小，该值不会改变导向器效果

11.3.2 范例解析——制作"清清流水"

本案例借助"粒子云"粒子系统发射"变形球粒子",在"重力"空间扭曲的作用下向下流动,最终通过"全导向器"空间扭曲模拟液体流经水槽的效果,如图11-46所示。

图11-46 "清清流水"设计效果

【设计思路】

- 使用"粒子云"工具创建粒子系统。
- 设置粒子动画参数。
- 创建"重力"空间扭曲,并将粒子云绑定到"重力"。
- 创建"全导向器"空间扭曲,并将粒子云绑定到"全导向器"。
- 为水设置材质,并制作动画。

【操作步骤】

1. 创建粒子系统。

(1) 打开制作模板,如图11-47所示。

① 打开附盘文件"素材\第11章\清清流水\清清流水.max"。

② 场景中设置了全局照明效果。

③ 场景中为所有物体设置了材质。

④ 场景中创建了一架摄影机,用于对水流进行特写渲染。

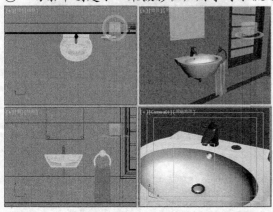

图11-47 打开制作模板

(2) 创建"粒子云"粒子系统，如图 11-48 所示。

① 选择【创建】面板的创建类别为【粒子系统】。

② 单击 粒子云 按钮。

③ 在顶视口中创建"粒子云"。

④ 单击 按钮进入【修改】面板，将"粒子云"对象重命名为"粒子云"。

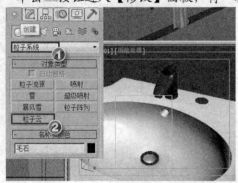

图11-48　创建"粒子云"粒子系统

(3) 设置"粒子云"发射器形状，如图 11-49 所示。

① 选中"粒子云"对象，进入【修改】面板。

② 在【粒子分布】分组框中选择【球体发射器】单选项。

③ 在【显示图标】分组框中设置【半径/长度】为"10.0"。

将"粒子云"发射器的分布方式改为"球体"，是为了更好地配合水龙头圆形的出水口，当然也可以改为"圆柱体"。

(4) 设置"粒子云"的位置参数，如图 11-50 所示。

选中"粒子云"对象，鼠标右键单击 按钮打开【移动变换输入】对话框，设置位置参数。

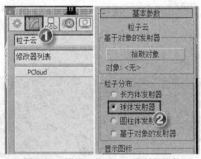

图11-49　设置"粒子云"发射器形状

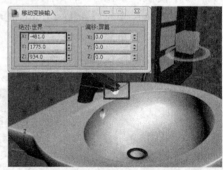

图11-50　设置"粒子云"的位置参数

(5) 设置粒子动画参数。

选中"粒子云"对象，在【修改】面板中设置参数，如图 11-51 左图所示，然后拖动时间滑块，预览设计结果如图 11-51 右图所示。

"变形球粒子"会随机地进行相互之间的融合，以模拟液体的存在形式，在使用"变形球粒子"时，粒子的"大小"应设置大些，并适当地提高"变化"百分率，以使粒子之间融合得更自然。

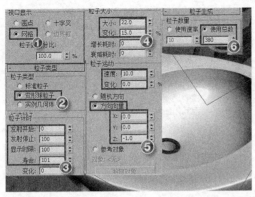

图11-51 设置粒子动画参数

2. 创建"重力"空间扭曲

(1) 创建"重力"空间扭曲，如图 11-52 所示。

① 选择【创建】面板的创建类别为【力】。

② 单击 重力 按钮。

③ 在顶视口中创建重力，将"重力"对象重命名为"重力"。

(2) 设置"重力"参数，如图 11-53 所示。

① 选中"重力"对象，在【移动变换输入】对话框中设置位置参数。

② 在【修改】面板中设置【力】参数。

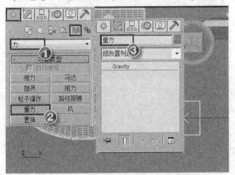
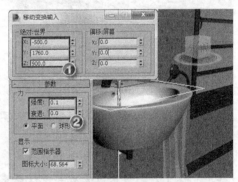

图11-52 创建"重力"空间扭曲　　　　　　　图11-53 设置"重力"参数

要点提示 平面形式的"重力"图标（"重力"图标可设置为平面或球形），其大小和位置不会影响重力对粒子系统的作用，这里对图标的位置进行设置是为了便于观察。

(3) 绑定"粒子云"到"重力"，如图 11-54 所示。

① 单击主工具栏左侧的 ≋ 按钮。

② 在"粒子云"图标上按住鼠标左键不放，鼠标光标移动到"重力"图标上，当光标形状变为 时，松开鼠标左键完成绑定（绑定的物体会以白色闪现）。

③ 选中"粒子云"对象，查看其修改器堆栈状态。

3. 创建"全导向器"空间扭曲。

(1) 创建"全导向器"空间扭曲，如图 11-55 所示。

① 选择【创建】面板的创建类别为【导向器】。

② 单击 全导向器 按钮。

③ 在顶视口中创建"全导向器"，将"全导向器"对象重命名为"全导向器"。

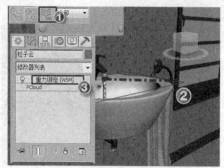

图11-54　绑定"粒子云"到"重力"

图11-55　创建"全导向器"空间扭曲

(2)　设置"全导向器"参数，如图 11-56 所示。

①　选中"全导向器"对象，在【移动变换输入】对话框中设置位置参数。

②　在"全导向器"的修改面板中单击 拾取对象 按钮。

③　选中"水槽"对象完成拾取操作。

④　在【修改】面板中设置导向器参数。

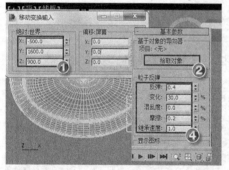

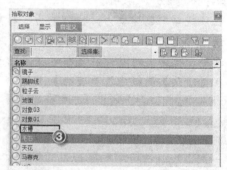

图11-56　设置"全导向器"参数

(3)　绑定"粒子云"到"全导向器"，如图 11-57 所示。

①　单击主工具栏左侧的 按钮。

②　绑定"粒子云"到"全导向器"。

③　选中"粒子云"对象，查看其修改器堆栈状态。

4.　为粒子赋予材质。

(1)　为粒子赋予"水"材质，如图 11-58 所示。

选中"粒子云"对象，按 M 键打开【材质编辑器】窗口，选中"水"材质，单击 按钮将"水"材质赋予"粒子云"对象。

图11-57　绑定"粒子云"到"全导向器"

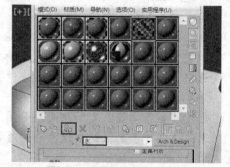

图11-58　为粒子赋予"水"材质

(2) 拖动时间滑块查看动画效果，如图 11-59 所示。
(3) 渲染"Camera01"摄影机视图。

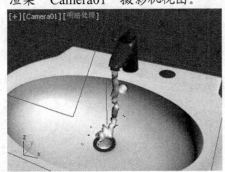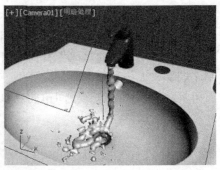

图11-59　查看动画效果

(4) 按 Ctrl+S 组合键保存场景文件到指定目录，本案例制作完成。

11.4　知识拓展——了解 PF Source

PF Source 粒子流是一种新型、多功能且强大的粒子系统，使用名为【粒子视图】的对话框来创建粒子。在该对话框中，可将一定时期内描述的粒子属性（如形状、速度、方向和旋转等）单独操作，然后将其合并到称为"事件"的组中。

按照与创建喷射粒子类似的方法创建 PF Source 后，切换至【修改】面板，面板中包含了【设置】、【发射】、【选择】、【系统管理】和【基本】5 个卷展栏，其中【设置】和【发射】卷展栏主要用于设置粒子的属性和参数。

在【设置】卷展栏中单击 粒子视图 按钮即可打开【粒子视图】对话框，如图 11-60 所示。该对话框提供了用于创建和修改 PF Source 粒子系统的主窗口（即【事件】窗口），其中包含了描述"粒子"系统的粒子图表。"粒子"系统包含具有一个或多个"操作符"和"测试"的列表。"操作符"和"测试"统称为"动作"。

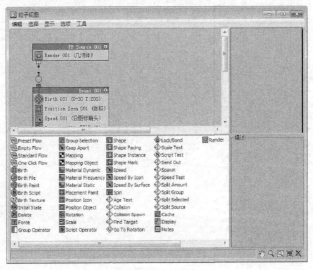

图11-60　【粒子视图】对话框

11.5 习题

1. 简要说明空间扭曲的特点和应用。
2. 粒子系统主要有哪些类型，各有何用途？
3. 在不同视口中创建的"风"有何显著区别？
4. 制作烟雾、火焰和喷泉时，应分别使用哪种粒子系统？
5. 如何将粒子系统绑定到空间扭曲对象上？

第12章　制作动力学动画

【学习目标】

- 明确动力学动画工具 MassFX 的用途。
- 明确制作刚体动画的技术要领。
- 掌握【Cloth】（布料）修改器的用途。
- 明确软体动画的制作要领。

3ds Max 2014 提供了强大的动力学系统，支持刚体和软体动力学，能实时进行刚体和软体的碰撞计算，操作简便。本章将介绍使用动力学动画工具 MassFX 制作刚体动画以及使用【Cloth】（布料）修改器制作软体动画的方法。

12.1　创建动力学 MassFX

刚体是现实世界中常见的对象类型，在受到外力作用时其大小和形状通常不会发生改变，并且会产生碰撞、反弹以及滚动等效果，例如钢质小球等。

12.1.1　基础知识——熟悉 MassFX 工具

3ds Max 早期版本通常使用 Reactor 来制作动力学动画，但是该工具有很多漏洞，渲染时容易出错。3ds Max 2014 中增加了新的刚体动力学工具——MassFX。

一、认识 MassFX 工具

如图 12-1 所示，在主工具栏的空白处单击鼠标右键，在弹出的快捷菜单中选取【MassFX 工具栏】命令，即可调出"MassFX 工具栏"，如图 12-2 所示。

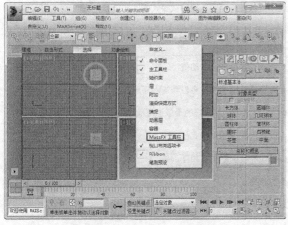

图12-1　调出"MassFX 工具栏"

图12-2　MassFX 工具栏

在"MassFX 工具栏"中单击 按钮，打开【MassFX 工具】对话框，该对话框包含以下 4 个选项卡。

(1)　【世界参数】选项卡。

【世界参数】选项卡如图 12-3 所示，它包括【场景设置】、【高级设置】和【引擎】3 个卷展栏，其参数用法如表 12-1 所示。

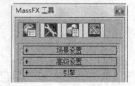

图12-3　【世界参数】选项卡

表 12-1　　　　　　　　　　　　　　【世界参数】选项卡参数说明

卷展栏	参数组	参数	含义
场景设置	环境	使用地面碰撞	若启用该选项，则 MassFX 将使用（不可见）无限静态刚体（即 z=0），此时与刚体主栅格共面，刚体的摩擦力和反弹力值固定
		重力方向	若启用该选项，则被应用的所有刚体都将受到重力的影响
		轴	设置应用重力的方向，一般为 z 轴
		无加速	设置重力的加速度。使用 z 轴时，正值会使重力将对象向上拉，反之向下拉
		强制对象重力	可以使用"重力"空间扭曲将重力应用于刚体。首先，将空间扭曲添加到场景中，然后使用"拾取重力"将其指定为在模拟中使用
		拾取重力	拾取要作为全局重力的重力对象
		没有重力	若启用该选项，则重力不会影响模拟
	刚体	子步数	设置每个图形更新之间执行的模拟步数
		解算器迭代次数	设置全局约束解算器强制执行碰撞和约束的次数
		使用高速碰撞	设置全局用于切换连续的碰撞检测
		使用自适应力	若启用该选项，则 MassFX 会根据需要收缩组合防穿透力来减少堆叠和紧密聚合刚体中的抖动
		按照元素生成图形	若启用该选项，并将【MassFX 刚体】修改器运用于对象后，MassFX 会为对象中的每一个元素创建一个单独的物理图形。禁用时，MassFX 会为整个对象创建单个物理图形
高级设置	睡眠设置	睡眠能量	模拟中，移动速度低于某个速度的刚体会自动进入"睡眠"模式并停止移动
		自动	MassFX 自动计算合理的线速度和角速度睡眠阈值，高于该阈值即应用睡眠
		手动	若启用该选项，则可以覆盖速度和自旋的试探式值
	高速碰撞	自动	MassFX 将使用试探式算法来计算合理的速度阀值，高于该阀值即应用高速碰撞方法
		手动	若启用该选项，则可以覆盖速度的自动值
		最低速度	模拟中，移动速度高于该速度的刚体将自动进入高速碰撞模式
	反弹设置	自动	MassFX 将使用试探式算法来计算合理的最低速度阀值，高于该值即应用反弹
		手动	若启用该选项，可以覆盖速度的试探式值
		最低速度	模拟中移动速度高于该速度的刚体将相互反弹
	接触壳	接触距离	允许移动刚体重叠的距离
		支撑台深度	允许支撑体重叠的距离

续表

卷展栏	参数组	参数	含义
引擎	选项	使用多线程	若启用该选项，则 CPU 可以执行多线程（如果 CPU 具有多个内核），以加快模拟的计算速度
		硬件加速	若启用该选项，则可通过电脑的"硬件加速"功能提高执行速度
	版本	关于 MassFX...	单击该按钮可以打开【关于 MassFX】对话框，该对话框中显示 MassFX 的基本信息

(2)　【模拟工具】选项卡。

【模拟工具】选项卡如图 12-4 所示，它包括【模拟】、【模拟设置】和【实用程序】3 个卷展栏，其参数用法如表 12-2 所示。

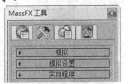

图12-4　【模拟工具】选项卡

表 12-2　　　　　　　　　　　　　　【模拟工具】选项卡参数说明

卷展栏	参数组	参数		含义
模拟	播放	重置模拟		单击该按钮可以停止模拟，并将时间线滑块移动到第 1 帧，同时将任意动力学刚体设置为其初始变换
		开始模拟		从当前帧开始模拟，时间线滑块为每个模拟步长前进一帧，从而让运动学刚体作为模拟的一部分进行移动
		PNA（开始-无动画）		当模拟运行时，时间线滑块不会前进，这样可以使动力学刚体移动到固定点
		逐帧模拟		运行一个帧的模拟，并使时间线滑块前进相同的量
	模拟烘焙	烘焙所有		将所有动力学刚体的变换储存为动画关键帧时重置模拟
		烘焙选定项		与"烘焙所有"类似，不同点是仅应用于选定的动力学刚体
		取消烘焙所有		删除烘焙时设置为动力学的所有刚体的关键帧，从而将这些刚体恢复为动力学刚体
		取消烘焙选定项		与"取消烘焙所有"类似，不同点是仅应用于选定的适用刚体
	捕获变换	捕获变换		将每个选定的动力学刚体的初始变换设置为其变换
模拟设置	在最后一帧	继续模拟		即使时间线滑块达到最后一帧也继续运行模拟
		停止模拟		当时间线滑块达到最后一帧时停止模拟
		循环动画并且	重置模拟	当时间线滑块达到最后一帧时，重置模拟且动画循环播放到第 1 帧
			继续模拟	当时间线滑块达到最后一帧时，模拟继续运行，但动画循环播放到第 1 帧

续表

卷展栏	参数组	参数	含义
实用程序	MassFX 场景	浏览场景	单击该按钮打开【场景资源管理器-MassFX】对话框，查看模拟内容
		验证场景	单击该按钮打开【验证 PhysX 场景】对话框，在该对话框中可以验证各种场景元素是否违反模拟要求
		导出场景	单击该按钮打开【Select File to Export】对话框，在该对话框中可以导出 PhysX 和 APFX 文件，以使模拟用于其他程序

(3)　【多对象编辑器】选项卡。

　　【多对象编辑器】选项卡如图 12-5 所示，它包括【刚体属性】、【物理材质】和【物理材质属性】、【物理网格】、【物理网格参数】、【力】和【高级】7 个卷展栏，其参数用法如表 12-3 所示。

图12-5　【多对象编辑器】选项卡

表 12-3　　　　　　　　　　　　　　　【多对象编辑器】选项卡参数说明

卷展栏	参数	含义
刚体属性	刚体类型	设置刚体的模型类型，包含【动力学】、【运动学】和【静态】3 种类型
	直到帧	设置【刚体类型】为【动力学】时该选项才可用。若启用该选项，则 MassFX 会在指定帧处将选定的运动学刚体转换为动态刚体
	烘焙	将未烘培的选定刚体的模拟运动转换为标准动画关键帧
	使用高速碰撞	若启用该选项，同时又在【世界】面板中启用了【使用高速碰撞】选项，那么【高速碰撞】设置将应用于选定刚体
	在睡眠模式中启动	若启用该选项，则选定刚体将使用全局睡眠设置，同时以睡眠模式开始模拟
	与刚体碰撞	若启用该选项，则选定刚体将与场景中的其他刚体发生碰撞
物理材质	预设	选择预设的材质类型。使用后面的吸管 🖉 可以吸取场景中的材质
	创建预设	基于当前值创建新的物理材质预设
	删除预设	从列表中移除当前预设
物理材质属性	密度	设置刚体的密度
	质量	设置刚体的重量
	静摩擦力	设置两个刚体开始互相滑动的难度系数
	动摩擦力	设置两个刚体保持互相滑动的难度系数
	反弹力	设置对象撞击到其他刚体时反弹的轻松程度和高度
物理网格	网格类型	选择刚体物理网格的类型，包含【球体】、【长方体】、【胶囊】、【凸面】、【凹面】和【自定义】6 种

卷展栏	参数			含义
物理网格参数	【物理网格参数】卷展栏的内容取决于"网格类型"，当用户选择不同的网格类型时，【物理网格参数】卷展栏的内容也不同			
力	使用世界重力			若启用该选项，则刚体将使用全局重力设置；若禁用，则选定的刚体将使用在此处应用的力，并忽略全局重力设置
	应用的场景力			列出场景中影响到模拟中选定刚体的力空间扭曲
	添加			将场景中的力空间扭曲应用到模拟中选定的刚体。将空间扭曲添加到场景后，单击 添加 ，然后单击视口中的空间扭曲
	移除			可防止应用的空间扭曲影响选择。首先在列表中将其高亮显示，然后单击移除
高级	模拟		覆盖解算器迭代次数	若启用此选项，则将为选定刚体使用在此处指定的解算器迭代次数设置，而不使用全局设置
			启用背面碰撞	仅可用于静态刚体。为凹面静态刚体指定原始图形类型时，启用此选项可确保模拟中的动力学对象与其背面碰撞
	接触壳		覆盖全局	若启用，则 MassFX 将为选定刚体使用在此处指定的碰撞重叠设置，而不是使用全局设置
			接触距离	允许移动刚体重叠的距离。如果此值过高，将会导致对象明显互相穿透。如果此值过低，将导致抖动
			支撑台深度	允许支撑体重叠的距离
	初始运动		绝对/相对	只适用于开始时为运动学类型（通常已设置动画）
			初始速度	刚体在变为动态类型时的起始方向和速度（每秒单位数）
			初始自旋	刚体在变为动态类型时旋转的起始轴和速度（每秒度数）
	质心		从网格计算	根据刚体的几何体自动为该刚体确定适当的重心
			使用轴	将对象的轴用作其重心
			局部偏移	可以设定 x、y 和 z 轴距对象的轴的距离，以用作重心
	阻尼		线性	为减慢移动对象的速度所施加的力大小
			角度	为减慢旋转对象的旋转速度所施加的力大小

(4) 【显示】选项卡。

【显示】选项卡如图 12-6 所示，它包括【刚体】和【MassFX 可视化工具】两个卷展栏，其参数用法如表 12-4 所示。

图12-6 【显示】选项卡

表 12-4 　　　　　　　　　　　　　　　　　　【显示】选项卡参数说明

卷展栏	参数	含义
刚体	显示物理网格	若启用，则物理网格显示在视口中，且可以使用【仅选定对象】复选项
	仅选定对象	若启用，则仅选定对象的物理网格显示在视口中。仅在启用【显示物理网格】复选项时可用

续表

卷展栏	参数	含义
MassFX 可视化工具	启用可视化工具	若启用，则此卷展栏上的其余设置生效
	缩放	基于视口的指示器（如轴）的相对大小

二、　模拟工具

MassFX 中的模拟工具分为 4 种，如图 12-7 所示，其主要用法如下。

（1）重置模拟：将时间滑块返回第一帧，并将任何动力学刚体变换设置为其最初时状态。

（2）开始模拟：单击该按钮可以模拟刚体动画，并更新刚体在场景中的位置。

（3）开始没有动画的模拟：单击该按钮可以运行模拟而不推进时间滑块，也不更新刚体在场景中的位置。

（4）逐帧模拟：单击该按钮可以与标准动画一起运行单个帧的模拟，随后停止模拟。

三、　刚体创建

用户可以使用以下 3 种工具创建刚体，如图 12-8 所示。

图12-7　模拟工具

图12-8　刚体创建工具

（1）将选定项设置为动力学刚体。

使用该工具可以将未实例化的"MassFX 刚体"应用到选定对象，将刚体类型设置为"动力学"，并为每个对象创建一个凸面物理网格。

（2）将选定项设置为运动学刚体。

使用该工具可以将未实例化的"MassFX 刚体"应用到选定对象，将刚体类型设置为"运动学"，并为每个对象创建一个凸面物理网格。

（3）将选定项设置为静态刚体。

该工具常用于辅助前两个工具来制作刚体动画。

要点提示　刚体的模拟类型中包含"动力学"、"运动学"和"静态"3 种类型，其区别如下。

1. 动力学：动力学刚体与真实世界的物体类似，会因为重力作用而下落，也会产生凹凸形变，并且会被别的对象推动。

2. 运动学：运动学刚体相当于按照动画节拍运动的木偶，不会因为重力而坠落。可以推动其他动力学对象，但是不会被其他对象推动。

3. 静态：静态刚体与运动学刚体相似，不同之处在于不能对其进行动画设置。

12.1.2　范例解析——制作"打保龄球"效果

本案例将利用 MassFX 刚体工具来模拟打保龄球的动画效果，效果如图 12-9 所示。

图12-9　"打保龄球"设计效果

【设计思路】

* 打开设计模板。
* 为"保龄球"和"球道"设置刚体属性。
* 为"木瓶"设置刚体属性。
* 创建刚体动力学动画。

【操作步骤】

1.　添加刚体集合。

(1)　打开制作模板。

①　打开附盘文件"素材\第 12 章\打保龄球效果\打保龄球效果.max"，如图 12-10 所示。

②　场景中对所有的对象设置了材质。

③　场景中创建了一架摄像机，用于对保龄球运动的效果进行动画渲染。

④　渲染后的模板场景如图 12-11 所示。

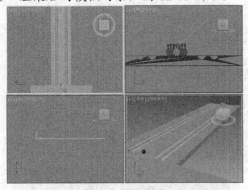

图12-10　打开场景

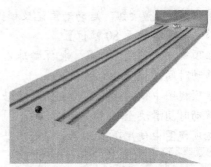

图12-11　渲染效果

(2)　设置"保龄球"和"球道"刚体属性，如图 12-12 所示。

①　选中"保龄球"对象，在修改器面板中为保龄球添加【MassFX Rigid Body】修改器。

②　在【刚体属性】卷展栏中设置【刚体类型】为【运动学】。

③　选中"球道"对象，在修改器面板中为球道添加【MassFX Rigid Body】修改器。

④　在【刚体属性】卷展栏中设置【刚体类型】为【静态】。

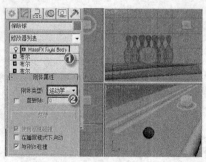 

图12-12　设置"保龄球"和"球道"刚体属性

(3) 为所有"木瓶"设置刚体属性，如图 12-13 所示。

① 选中"木瓶 01"至"木瓶 10"对象。

② 在修改器面板中为木瓶添加【MassFX Rigid Body】修改器。

③ 在【刚体属性】卷展栏中设置木瓶的【刚体类型】为【动力学】，选中【在睡眠模式下启动】复选项。

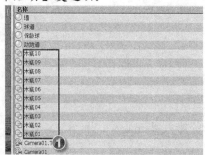 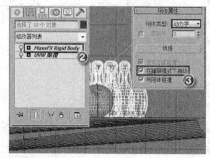

图12-13　为所有"木瓶"设置刚体属性

(4) 制作保龄球的运动动画效果，如图 12-14 和图 12-15 所示。

① 选择"保龄球"对象。

② 单击 自动关键点 按钮，启动动画记录模式。

③ 移动时间滑块至 80 帧位置。

④ 在顶视图中使用 工具，把保龄球沿 y 轴移动到适当位置。

⑤ 移动时间滑块至 220 帧位置。

⑥ 在顶视图中使用 工具，把保龄球沿 y 轴移动到木瓶的前方。

⑦ 移动时间滑块至 235 帧位置。

⑧ 在顶视图中使用 工具，把保龄球沿 y 轴移动到木瓶的后方。

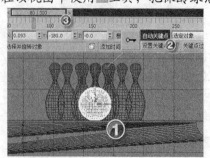 

图12-14　制作保龄球的运动动画效果 1

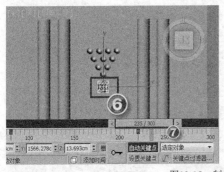

图12-15 制作保龄球的运动动画效果2

(5) 制作打保龄球的动画效果，如图 12-16 所示。

① 在工具栏空白处单击鼠标右键，选择【MassFX 工具栏】命令，打开"MassFX 工具栏"，单击 按钮。

② 在打开的【MassFX 工具】对话框中单击 按钮。

③ 单击 按钮，开始模拟动画。

④ 再次单击 按钮结束模拟，然后选择木瓶对象，在【刚体属性】卷展栏中单击 烘焙 按钮，生成关键帧动画。

(6) 渲染动画，本案例制作完成。

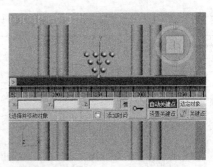

图12-16 制作打保龄球的动画效果

12.2 使用【Cloth】（布料）修改器

【Cloth】（布料）修改器专门用于制作织物和衣服等软体动画。与刚体不同，软体在受力后除了产生运动外，还会发生形变，例如轮胎、布料等。

12.2.1 基础知识——熟悉【Cloth】（布料）修改器

要使对象成为软体，可以为其添加【Cloth】（布料）修改器，添加修改器后的参数面板包括【对象】、【选定对象】和【模拟参数】3 个卷展栏。

一、【对象】卷展栏

【对象】卷展栏是【Cloth】（布料）修改器的核心部分，如图 12-17 所示，单击 对象属性 按钮，打开【对象属性】对话框，如图 12-18 所示。使用该对话框可以定义对象的基本参数，其用法如表 12-5 所示。

图12-17　【对象】卷展栏

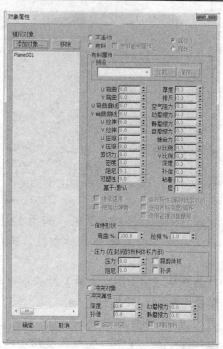

图12-18　【对象属性】对话框

表 12-5　　　　　　　　　　　　　　　【对象属性】对话框参数说明

参数组	参数	含义
模拟对象	添加对象…	单击该按钮打开【从场景选择】对话框，从中可选择要添加到 Cloth 模拟中的场景对象。添加对象之后，该对象的名称将出现在【模拟中的对象】列表中，同时有一个【Cloth】修改器的实例应用于该对象
	移除	从模拟中移除【模拟对象】列表中突出显示的对象。在此不能移除当前在 3ds Max 中选定的对象
选择对象的角色	不活动	若启用该选项，则突出显示的对象在模拟中处于不活动状态。默认情况下，该对象处于非活动状态
	布料	若启用该选项，则选择对象充当 Cloth 对象。将对象指定为 Cloth 后，可在【Cloth 属性】组中设置其参数
	冲突对象	让选定对象充当冲突对象
	使用面板属性	启用该选项后，可让 Cloth 使用在"面板"子对象层级指定的布料属性。默认设置为禁用状态
	属性 1/属性 2	这两个单选项可用来为 Cloth 对象指定两组不同的布料属性
		如果同时指定了"属性 1"和"属性 2"组，则可使用"属性指定"组设置在这两个组之间插补或设置动画
布料属性	预设	该参数组用于保存当前布料属性或是加载外部的布料属性文件
	U/V 弯曲	设置弯曲的阻力。阻力值设置的越高，织物能弯曲的程度就越小
	U/V 弯曲曲线	设置织物折叠时的弯曲阻力。默认值为 0，弯曲阻力设置为常数
	U/V 拉伸	设置拉伸的阻力。值越大布料越坚硬，较小的值令布料的拉伸阻力更像橡胶
	U/V 压缩	设置压缩的阻力
	剪切力	设置剪切的阻力。值越高，布料就越硬

续表

参数组	参数	含义
布料属性	密度	每单位面积的布料重量（以 gm/cm 2 表示）。值越高，表示布料越重
	阻尼	值越大，织物反应就越迟钝。采用较低的值，织物行为的弹性就更高。阻尼较高的布料停止反应的时间要比阻尼较低的布料快
	可塑性	布料保持其当前变形（即弯曲角度）的倾向
	厚度	定义织物的虚拟厚度，便于检测布料对布料冲突
	排斥	用于排斥其他布对象的力
	空气阻力	设置受到的空气阻力。此值将确定空气对布料的影响有多大
	动摩擦力	设置布料和实体对象之间的动摩擦值。较大的值将增加更多的摩擦力，导致织物在物体表面上滑动较少。较小的值将令织物在物体上轻松滑动
	静摩擦力	设置布料和实体对象之间的静摩擦值。当布料处于静止位置时，此值将控制布料在某处的静止或滑动能力
	自摩擦力	布料自身之间的摩擦。值较大将导致布料本身之间的摩擦力更大
	接合力	该选项当前不使用，仅作为保留用
	U/V 比例	设置布料沿 U、V 方向延展或收缩的值
	深度	Cloth 对象的冲突深度
	补偿	在 Cloth 对象和冲突对象之间保持的距离。非常低的值将导致冲突网格从布料下突出来。非常高的值将导致出现的织物在冲突对象上浮动
	粘着	Cloth 对象粘附到冲突对象的范围。范围为 0 至 99999。默认值为 0
	层	指示可能会相互接触的布片的正确"顺序"。范围为-100~100
	基于	该文本字段显示初始"Cloth 属性"值所基于的预设值的名称
	继承速度	若启用此选项，则布料会继承网格在模拟开始时的速度
	使用边弹簧	用于计算拉伸的备用方法。若启用该选项，则拉伸力将以沿三角形边的弹簧为基础
	各向异性（解除锁定 U, V）	若启用该选项，则可以为"弯曲"、"b 曲线"和"拉伸"参数设置不同的 U 值和 V 值
	使用布料深度/偏移	若启用该选项，则使用在"布料属性"中设置的深度和补偿值
	使用碰撞对象摩擦	若启用该选项，则使用碰撞对象的摩擦力来确定摩擦力
	保持形状	根据"弯曲%"和"拉伸%"设置保留网格的形状
	压力	设置 Cloth 的封闭体积内的压力
冲突属性	深度	设置冲突对象的冲突深度
	补偿	设置在 Cloth 对象和冲突对象之间保持的距离
	动摩擦力	设置布料和该特殊实体对象之间的动摩擦力值
	静摩擦力	设置布料和实体对象之间的静摩擦值
	启用冲突	启用或禁用此对象的冲突，同时仍然允许对其进行模拟
	切割布料	若启用该选项，如果在模拟过程中与布料相交，则"冲突对象"可以切割 Cloth。必须设置 Cloth 对象以制造撕裂沿接合口或一组顶点进行

【对象】卷展栏中其余参数的用法如表 12-6 所示。

表 12-6 【对象】卷展栏中其余参数用法

参数	含义
布料力	单击 布料力 按钮打开【力】对话框。要向模拟添加力,可在左侧的【场景中的力】列表框中突出显示要添加的力,然后单击 > 按钮,将其移动到【模拟中的力】列表框中,从而将其添加到模拟中
模拟局部	不创建动画,开始模拟进程
模拟局部(阻尼)	和"模拟局部"相同,但是为布料添加了大量的阻尼
模拟	在激活的时间段上创建模拟。这种模拟会在每帧处以模拟缓存的形式创建模拟数据
进程	若开启,则在模拟期间打开【Cloth 模拟】对话框
模拟帧	显示当前模拟的帧数
消除模拟	删除当前的模拟。这将删除所有 Cloth 对象的高速缓存,并将"模拟帧"数设置回 1
截断模拟	删除模拟在当前帧之后创建的动画
设置初始状态	将所选 Cloth 对象高速缓存的第一帧更新到当前位置
重设状态	将所选 Cloth 对象的状态重设为应用修改器堆栈中的 Cloth 之前的状态
删除对象高速缓存	删除所选的非 Cloth 对象的高速缓存
抓取状态	从修改器堆栈顶部获取当前状态并更新当前帧的缓存
抓取目标状态	用于指定保持形状的目标形状。从修改器堆栈顶部获取当前变形,并使用该网格来定义三角形之间的目标弯曲角度
重置目标状态	将默认弯曲角度重设为堆栈中 Cloth 下面的网格
使用目标状态	若启用该选项,则保留由抓取目标状态存储的网格形状
创建关键点	为所选 Cloth 对象创建关键点。该对象塌陷为可编辑的网格,任意变形存储为顶点动画
添加对象	用于向模拟添加对象,无需打开【对象属性】对话框
显示当前状态	显示布料在上一模拟时间步阶结束时的当前状态
显示目标状态	显示布料的当前目标状态,即由"保持形状"选项使用的所需弯曲角度
显示启用的实体碰撞	若启用该选项,则高亮显示所有启用实体收集的顶点组
显示启用的自身碰撞	启用时,高亮显示所有启用自收集的顶点组

二、 【选定对象】卷展栏

【选定对象】卷展栏用于控制模拟缓存以及使用纹理贴图等,如图 12-19 所示,其中各参数用法如表 12-7 所示。

图12-19　【选定对象】卷展栏

表 12-7　　　　　　　　　　　　　【选定对象】卷展栏中参数用法

参数组	参数	含义
缓存	文本框	用于显示缓存文件的当前路径和文件名
	强制 UNC 路径	如果文本字段路径是指向映射的驱动器，那么将该路径转换为 UNC 格式
	覆盖现有	选中该复选项后，允许覆盖现有文件
	设置...	用于指定所选对象缓存文件的路径和文件名。单击此按钮，导航到目录，输入文件名，然后单击 保存 按钮
	加载	将指定的文件加载到所选对象的缓存中
	导入...	打开一个文件对话框，以加载一个缓存文件，而不是指定的文件
	加载所有	加载模拟中每个 Cloth 对象的指定缓存文件
	保存	使用指定的文件名和路径保存当前缓存（如果有的话）。如果未指定文件，Cloth 会基于对象名称创建一个文件
	导出...	打开一个文件对话框，以将缓存保存到一个文件，而不是指定的文件
	附加缓存	要以 PointCache2 格式创建第 2 个缓存，应启用【附加缓存】复选项，然后单击 设置... 按钮，以指定路径和文件名
属性指定	插入	通过滑块控制参数位于"属性 1"还是"属性 2"
	纹理贴图	设置纹理贴图，对 Cloth 对象应用"属性 1"和"属性 2"设置
	贴图通道	用于指定纹理贴图所要使用的贴图通道，或选择要用于取而代之的顶点颜色
弯曲贴图	弯曲贴图	切换【弯曲贴图】选项的使用。使用数值设置调整的强度
	顶点颜色	使用顶点颜色通道来进行调整
	贴图通道	使用贴图通道来进行调整
	纹理贴图	使用纹理贴图来进行调整

三、【模拟参数】卷展栏

【模拟参数】卷展栏用于指定重力等常规模拟属性等，如图 12-20 所示，其中各参数用法如表 12-8 所示。

图12-20　【模拟参数】卷展栏

表 12-8　　　　　　　　　　　　　【模拟参数】卷展栏中参数用法

参数	含义
厘米/单位	定每个 3ds Max 系统单位表示多少厘米。布料自动设置厘米/单位为每英寸（3ds Max 中的默认系统单位）等于 2.54 厘米
地球	单击此按钮，设置地球的重力值
重力	若单击此按钮，则重力值将影响到模拟中的布料对象
步阶	模拟器可以采用的最大时间步阶大小
子例	3ds Max 对固体对象位置每帧的采样次数。默认设置为 1
起始帧	设置模拟开始处的帧
结束帧	设开启之后，确定模拟终止处的帧
自相冲突	开启之后，检测布料对布料之间的碰撞
检查相交	此功能已经过时，选与不选都无效
实体冲突	开启之后，模拟器将考虑布料对实体对象的冲突。此设置始终保留为开启
使用缝合弹簧	开启之后，使用随 Garment Maker 创建的缝合弹簧将织物接合在一起
显示缝合弹簧	用于切换缝合弹簧在视口中的可视表示。这些设置并不渲染
随渲染模拟	若启用，则在渲染时触发模拟
高级收缩	若启用，则布料对同一碰撞对象两个部分之间收缩的布料进行测试
张力	利用顶点颜色可以显现织物中的压缩/张力
焊接	控制在完成撕裂布料之前如何在设置的撕裂上平滑布料

12.2.2　范例解析——制作"窗帘飘动"

　　本例介绍用【Cloth】（布料）修改器创建软体动画的基本方法，将模拟房间里薄如轻纱的窗帘在微风中飘动的效果，如图 12-21 所示。

图12-21 "窗帘飘动"效果

【设计思路】

- 使用平面物体加布料材质制作窗帘造型。
- 在场景中创建主灯光和辅助灯光。
- 在场景中添加"风"对象。
- 为窗帘添加【Cloth】修改器。
- 制作窗帘飘动动画。

【设计步骤】

1. 打开附盘文件。

(1) 打开附盘文件"素材\第 12 章\窗帘飘动\窗帘飘动.max"，如图 12-22 所示。这是一个已经制作好的室内场景，场景中已经创建了一架摄影机，渲染摄影机视图，效果如图 12-23 所示。

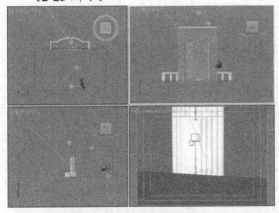

图12-22 打开场景

图12-23 渲染效果

(2) 在工具栏顶部单击 按钮打开【从场景选择】对话框，查看场景要素的组成，如图 12-24 所示，初步明确这些场景元素的位置和构成。

2. 制作"窗帘"。

(1) 创建"窗帘左"，如图 12-25 所示。

① 在【创建】面板中单击【标准基本体】中的 平面 按钮，在前视图中创建一个平面物体。

② 将平面物体命名为"窗帘左"，并修改其参数（这一步也可以转到【修改】面板中进行）。

③　使用 工具调整窗帘的位置。

图12-24　【从场景选择】对话框

(2)　添加波浪修改器，如图 12-26 和图 12-27 所示。

①　选中平面对象，切换到修改器面板，在修改器列表中为其添加一个【波浪】修改器，目的是使窗帘产生褶皱效果。

②　修改【波浪】修改器参数。

> **要点提示**　【波浪】修改器的参数不同，窗帘产生的褶皱效果也不同，其中参数【波长】值越小，褶皱数量越多，参数【振幅】用于控制褶皱起伏的高度。

③　在修改器堆栈中选中【Gizmo】层级。

④　在工具栏坐标系列表中选取【局部】选项。

⑤　在 按钮上单击鼠标右键，在弹出的【旋转变换输入】对话框中输入参数，将"Gizmo"绕 z 轴旋转 90°。

⑥　单击 按钮，首先将鼠标光标放在缩放坐标架的 x 轴上，沿着 x 轴方向缩小"Gizmo"，使之与窗帘等宽，然后将鼠标光标放在缩放坐标架的 y 轴上，沿着 y 轴方向放大"Gizmo"，使之与窗帘等高。

⑦　从摄影机视图可以看到窗帘产生了褶皱效果。

⑧　在工具栏坐标系列表中选取【视图】选项。

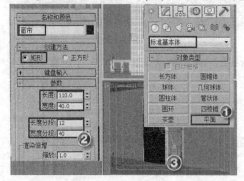

图12-25　创建"窗帘左"

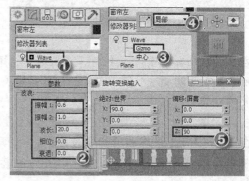

图12-26　添加波浪修改器 1

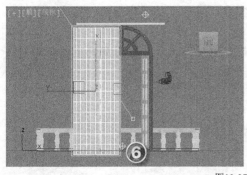
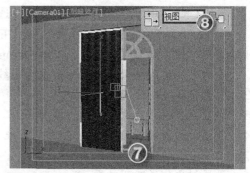

图12-27　添加波浪修改器2

(3)　指定贴图坐标，如图 12-28 所示。

①　在修改器列表中为平面对象添加一个【UVW 贴图】修改器。

②　为该对象指定一个【平面】类型的贴图坐标。

③　选中"窗帘左"对象，单击鼠标右键，在弹出的快捷菜单中选取【转换为】/【转换为可编辑网格】命令将其转换为可编辑网格物体。

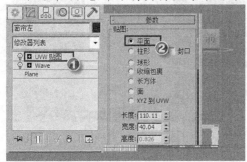
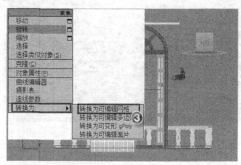

图12-28　指定贴图坐标

(4)　复制窗帘对象，如图 12-29 所示。

使用移动复制的方法复制一个相同的"窗帘"，将其命名为"窗帘右"，放置于右边的窗户处。

图12-29　复制窗帘对象

> **要点提示**　注意复制窗帘时需要在【克隆选项】对话框中选中【复制】选项，而不是【实例】选项，这样使得"窗帘右"与"窗帘左"完全独立，可以对其分别进行编辑。

3.　制作窗帘材质。

按 M 键打开【材质编辑器】窗口，选择一个空白材质球，将其命名为"窗帘"，按照图 12-30 所示设置参数，主要包括以下内容。

(1) 设置材质类型为【(O)Oren-Nayar-Blinn】，用来模拟布料材质，使材质产生类似布料表面的柔和的反光效果，真实地表现出纱的质感。

(2) 设置材质类型为【双面】。

(3) 设置材质颜色为纯白的。

(4) 将【漫反射级别】提高到"150"，配合模拟布料材质效果。

(5) 设置轻微的自发光效果。

(6) 设置材质为半透明效果。

(7) 增大材质表面的粗糙度，配合模拟布料材质效果。

(8) 选择视图中的"窗帘左"和"窗帘右"，在【材质编辑器】窗口中单击 按钮将"窗帘"材质赋予对象。

 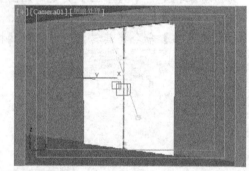

图12-30　制作窗帘材质

4. 设置灯光。

(1) 创建主光源。

创建一盏目标聚光灯作为场景的主光源，如图 12-31 所示，然后按照图 12-32 所示设置灯光参数。

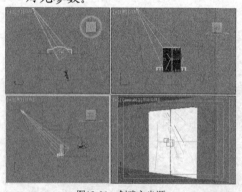 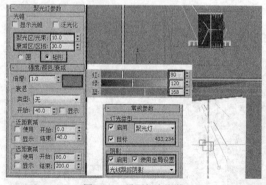

图12-31　创建主光源　　　　　　　　　　图12-32　设置灯光参数

　主光源的作用是模拟月光由窗外射入室内并产生投影的效果，因此将灯光的颜色设置为蓝色；同时打开了灯光的投影，并将阴影类型设置为光线追踪模式；将灯光的照射范围设置为矩形，目的是使灯光产生由窗外射入的效果。

(2) 创建第 1 盏辅助光源。

① 在场景中创建一盏泛光灯，大致位置和参数设置如图 12-33 所示。

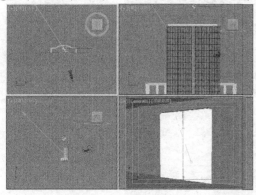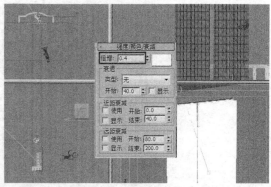

图12-33　创建泛光灯 1

② 在【常规参数】卷展栏的【阴影】分组框中单击 排除... 按钮，打开【排除/包含】对话框，将窗帘和地面排除在辅助光源 1 照明范围之外，如图 12-34 所示。

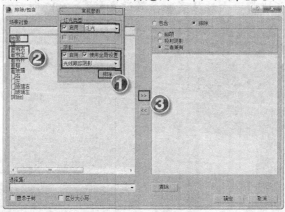

图12-34　排除照明对象

(3) 创建第 2 盏辅助光源。

① 继续在场景中创建泛光灯，大致位置和参数设置如图 12-35 所示。

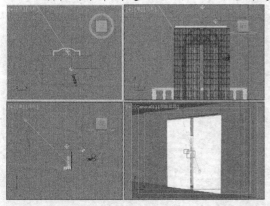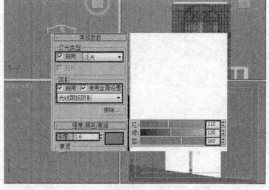

图12-35　创建泛光灯 2

② 在【常规参数】卷展栏的【阴影】分组框中单击 排除... 按钮，打开【排除/包含】对话框，将阳台排除在辅助光源 2 照明范围之外，如图 12-36 所示。

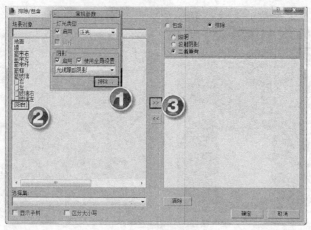

图12-36 排除照明对象

(4) 创建第 3 盏辅助光源。

① 继续在场景中创建泛光灯，大致位置和参数设置如图 12-37 所示。

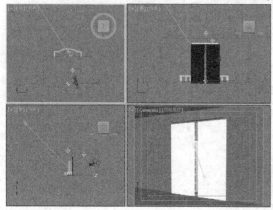
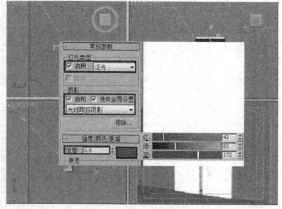

图12-37 创建泛光灯 3

② 至此，整个场景的灯光创建完毕，如图 12-38 所示，渲染摄影机视图结果如图 12-39 所示。

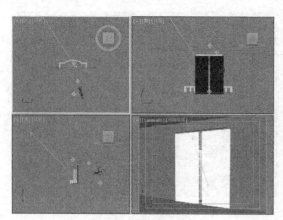

图12-38 最后创建的场景　　　　　　图12-39 渲染摄影机视图后的结果

5. 制作窗帘飘动动画。

(1) 在场景中添加"风"，如图 12-40 所示。

① 设置空间扭曲类型为【力】，单击 风 按钮，在顶视图创建一个风力。

② 调整其位置，并在参数面板中设置参数。

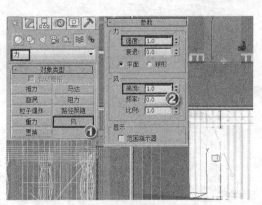
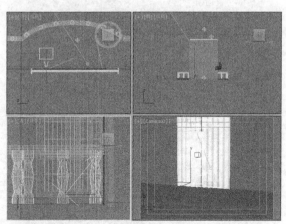

图12-40　为窗帘添加"风"

(2) 为"窗帘左"添加【Cloth】修改器，如图 12-41 至图 12-43 所示。

① 选择"窗帘左"，进入修改器面板，为其添加【Cloth】（布料）修改器。

② 在【对象】卷展栏中单击 对象属性 按钮，进入【对象属性】对话框。

③ 选中"窗帘左"，修改参数。

④ 选择【Cloth】修改器的【组】层级。

⑤ 在前视图中选择顶点。

⑥ 在【组】卷展栏中单击 设定组 按钮。

⑦ 在弹出的【设定组】对话框中单击 确定 按钮

⑧ 在【组】卷展栏下单击 绘制 按钮。

⑨ 返回顶层级结束编辑，在【对象】卷展栏中单击 布料力 按钮，在弹出的【力】对话框中选择"场景中的力"【Wind001】，单击 > 按钮将其添加到右侧列表框中。

⑩ 单击【对象】参展栏中的 模拟 按钮，自动生成动画。

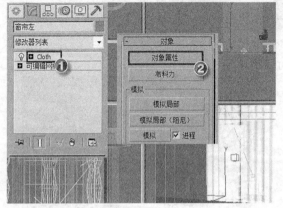
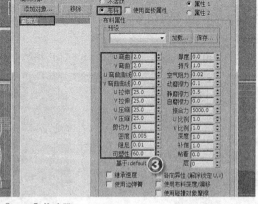

图12-41　为"窗帘左"添加【Cloth】修改器 1

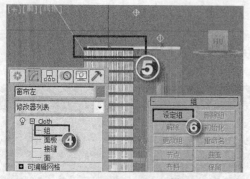

图12-42 为"窗帘左"添加【Cloth】修改器 2

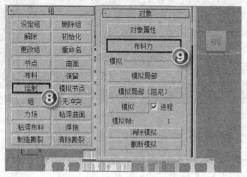
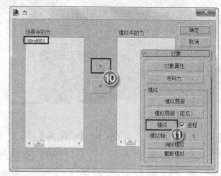

图12-43 为"窗帘左"添加【Cloth】修改器 3

(3) 模拟并查看动画,如图 12-44 所示。

拖动时间轴按钮,查看动画。

图12-44 模拟并查看动画

6. 用与步骤 5 相同的方法制作"窗帘右"的动画效果,如图 12-45 所示。

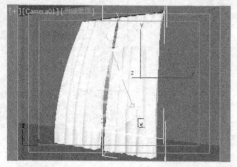
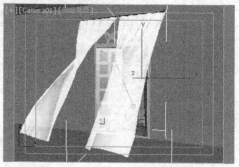

图12-45 制作"窗帘右"的动画效果

7. 渲染动画

(1) 按 F10 键打开【渲染设置】对话框。

① 设置渲染范围为 1~200 帧。

② 设置屏幕大小为 800×600。

③ 设置文件保存的路径。

(2) 单击 渲染 按钮创建动画，结果如图 12-46 所示。

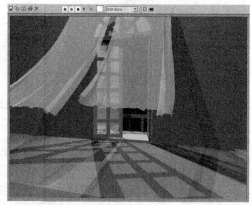

图12-46 渲染效果

12.3 知识拓展——认识 Biped（骨骼）

Biped 工具可以构建骨骼框架并使之具有动画效果，为制作角色动画做好准备。单击【创建】面板下的 （系统）按钮，再单击 Biped 按钮，在任意一个视口中按住鼠标左键并拖曳鼠标光标即可创建骨骼，如图 12-47 所示。

随后进入【运动】面板，在【Biped】卷展栏下单击 按钮，展开【结构】卷展栏，在这里可以对创建好的骨骼进行参数设置，如图 12-48 所示。

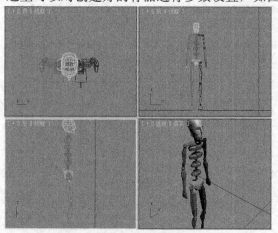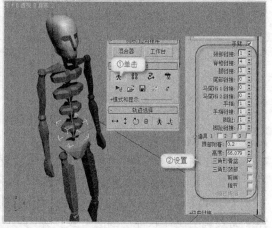

图12-47 创建 Biped　　　　　图12-48 修改 Biped 骨骼参数

Biped 骨骼非常灵活，可以使用移动、旋转和缩放等工具编辑出各种动物的骨骼结构，如图 12-49 所示。

图12-49 动物骨骼结构

【Biped】卷展栏下的工具主要用于控制 Biped 对象的不同工作模式、保存 Biped 专用的信息文件,详细功能如表 12-9 所示。

表 12-9 【Biped】卷展栏功能

属性名称	功能介绍
体形模式 🏃	在该模式下可以调整 Biped 对象的结构和形状。另外,给网格物体添加蒙皮后,激活该按钮,Biped 对象会临时关闭动画,恢复到原始状态,并允许用户对它的形状进行修改,以适配网格对象
足迹模式 👣	该选项用来创建和编辑足迹,当足迹模式被激活时,在【运动】面板上会多出两个附加的卷展栏:【足迹创建】和【足迹操作】卷展栏
运动流模式 🗲	使用运动流模式可以对脚本进行编辑修改,也可以对多个动作进行链接、动作间的过渡等操作,也可以对运动捕捉的动作进行剪辑操作。激活该按钮,会多出一个【运动流】卷展栏
混合器模式 🎛	激活该模式会让所有用混合器编辑的运动流临时生效,并会多出一个【混合器】卷展栏
Biped 播放 ▶	实时播放场景中所有 Biped 对象的动画,当激活该按钮时,Biped 对象将以线条形式显示,并且场景中其他对象都是不可见的
加载文件 📂	根据 Biped 对象的工作模式不同,打开文件的格式也不一样,在【体形模式】打开 ".fig" 格式的文件;在【足迹模式】打开 ".bip" 或 ".stp" 格式的文件
保存文件 💾	单击该按钮,会弹出【另存为】对话框,可以将文件保存成 ".flg"、".bip" 和 ".stp" 格式的文件
转化 🔁	将足迹动画转化成自由形式的动画,这种转换是双向的。根据相关的方向,显示【转换为自由形式】对话框或【转换为足迹】对话框
移动所有模式 🦿	该按钮被激活时,会自动选择质心,并弹出一个偏移设置对话框,在这里可以使两足动物与其相关的非活动动画一起移动和旋转,其中的 塌陷 按钮是把当前的位移或旋转值恢复到 "0",再操作会以当前位置为起始点

12.4 习题

1. 动力学 MassFX 工具主要有何用途?
2. 在制作动力学动画时为什么要为对象设置密度和质量参数?
3. 简要说明制作刚体动画的一般步骤。
4. 【Cloth】(布料)修改器有何主要用途?
5. 简要说明制作软体动画的一般步骤。